나이 들어 어디서 살 것인가

일러두기

- 이 책에서는 외래어와 한자어 사용에 있어 표준 규정을 따르되, 일부 외래어는 발음에 가까운 표기법을 사용하였습니다.

- 이 책에서는 서울시 내 LH 영구임대아파트와 SH 영구임대아파트를 조사하여 작성한 부분이 포함되어 있습니다. 해당 조사는 고령자 주거 환경과 관련된 실생활 사례를 제공하고, 이를 바탕으로 고령화 사회의 주거 문제를 다루고자 하였습니다.

- 이 책에서는 독자들에게 내용을 효과적으로 전달하기 위해, 일반적으로 널리 사용되는 '치매'라는 용어를 사용했습니다. 그러나 현재 사회적으로는 질병에 대한 부정적 인식을 줄이고, 존중을 담은 표현으로 '인지증'이나 '인지 저하'라는 용어 사용을 권장합니다.

건강하고 자립적인 노후를 위한
초고령 사회 공간 솔루션

나이들어 어디서 살것인가

김경인 지음

two
Rabbits

차례

2장
노인의 자립, 주거 공간이 좌우한다

모두가 실버타운에 입주할 수 없다면

내 집 같은 편안함, 시니어 공간의 비밀

이제 시니어 가구도 디자인할 때

매일매일 성장하는 식물이 약이다

3장
노인을 위한 도시는 있다

들어가는 글

나이 들어도 내 집에서 멋지게 살 수 있을까?

"나이 들면 실버타운에서 살면 될까?"
"자식들에게 신세 지고 싶지는 않은데, 혼자 살 자신도 없고……."

주변에서 자주 들려오는 말이다. 많은 사람들은 나이가 들면 이런 고민을 해야 하는 것이 당연하다고 여긴다. 하지만 정작 '내 집에서 계속 살 수 있을까?'라는 질문을 깊이 고민하는 경우는 드물다. 삶의 마지막 단계에서 어디에서, 어떻게 살아갈지에 대한 문제는 종종 '그때 가면 알아서 해결되겠지'라는 막연한 기대 속에 묻히곤 한다.

그러나 가만히 생각해 보면, 나이 들어가는 과정은 갑작스러운 변화가 아니다. 우리는 매일 조금씩 나이를 먹고, 신체는 서서히 약해지며 익숙했던 일상이 하나둘 불편해진다. 처음에는 문턱 하나, 계단 몇 개 정도가 신경 쓰이기 시작한다. 하지만 시간이 지나면서 그 작은 불편함들이 '이제는 이걸 감당하기 어려울 것 같은데……'라는 불안으로 바뀌게 된다.

어떤 노인이 말했다.
"내가 여기서 얼마나 살았는데. 이 집에 내 삶이 다 있는데……."

자식들은 더 안전하고 편리한 시설로 옮기기를 권했지만, 그는 단호했다. 그의 말은 공간에 대한 애착을 넘어, 자신의 정체성과 삶의 흔적을 지키고자 하는 깊은 의지에 가까웠다.

집은 단순히 벽과 지붕으로 이루어진 물리적 공간을 의미하지 않는다. 그 안에는 그가 걸었던 길, 창밖으로 보이던 풍경, 매일 머물렀던 자리와 같은 수많은 기억과 경험이 얽혀 있다. 이 모든 것들이 모여 건물을 넘어 더 큰 무언가, 즉 삶 그 자체를 만들어낸다. 그래서 사람들에게 집을 떠난다는 것은 그저 장소를 옮기는 문제가 아니다. 그것은 자신의 삶과 기억의 일부를 포기하는 것처럼 느껴지기 때문이다.

하지만 역설적으로, 나이가 들수록 익숙했던 집이 위협적인 장소로 변하기도 한다. 미끄러운 바닥, 좁은 복도, 어두운 조명과 같은 요소들은 이제 불편을 넘어 커다란 위험으로 다가온다. 집이 나를 지켜주는 공간이 아니라 나를 위협하거나 밀어내는 공간으로 느껴지는 순간, 그 익숙함은 새로운 문제로 바뀐다.

'실버타운'이라는 단어는 편안함과 안락함을 약속하는 듯하지만, 어딘가 묘한 이질감을 준다. 몇 년 전, 지인과 함께 실버타운을 둘러본 적이 있다. 깨끗하고 정돈된 공간, 편리한 서비스까지 겉보기에는 아무런 문제가 없어 보였다. 하지만 그곳은 지나치게 균일했다. 모든 방이 비슷한 구조였고, 복도는 끝없이 반복되는 느낌을 주었다.

 살아가는 흔적이 사라진 공간, 멈춰버린 듯한 정적이 감도는 조용함. 그곳에서 과연 '삶'이라는 단어가 제대로 자리 잡을 수 있을까? 그런 의문이 머릿속을 떠나지 않았다.

 멋지게 산다는 건 무언가 특별하고 화려한 일을 하는 것이 아니다. 익숙한 환경에서 자립적이고 존엄하게 살아가는 것, 그것이 진정한 멋이다. 그러나 이런 삶을 이루기 위해서는 공간과 환경이 우리를 지탱해 줄 수 있어야 한다. 문턱 하나, 손잡이 하나를 설치하는 작은 변화가 때로는 존엄을 지키는 데 필수적인 역할을 한다.

 오늘날의 도시는 젊은 사람들을 중심으로 설계된다. 걷기 힘든 보도, 앉을 곳 없는 거리, 단절된 커뮤니티 등에서 노인을 위한 배려는 찾아보기 어렵다. 그러나 희망은 있다. 작은 변화가 시작된다면, 도시도 나이에 관계없이 모두를 위한 공간으로 변할 수 있다. 벤치를 설치하고, 보행로를 정비하며, 세대 간 교류할 수 있는 공간을 마련한다면 나이가 들어도 살아가기 좋은 도시를 만들 수 있다.

 이 책은 바로 그 희망에서 출발했다. 나 자신, 우리의 부모님, 그리고 이웃들이 나이 들어 더 나은 선택을 할 수 있도록 돕고자 하는 마음에서 이 책을 집필했다.

나이가 들어도 자신의 집과 지역에서 자립적으로 살아갈 방법을 탐구하는 이 책은 공간, 주거, 도시라는 3가지 관점을 통해 노년의 삶을 새롭게 조망한다.

1장 '집, 나이 들수록 더 위험해진다'에서는 익숙했던 공간이 나이가 들수록 왜 위협적인 환경으로 변하는지를 다룬다. 미끄러운 바닥, 불편한 가구 배치 등 실질적인 문제를 짚어보고, 실버타운과 같은 대안들을 다각적으로 검토한다. 특히, 익숙했던 집이 노년기에 어떻게 장애물로 작용할 수 있는지를 구체적으로 보여준다.

2장 '노인의 자립, 주거 공간이 좌우한다'는 주거 환경의 작은 변화가 노년의 삶에 미치는 깊은 영향을 탐구한다. 문턱을 낮추고, 손잡이를 추가하는 등 실용적인 해결책을 제안하며, 안전하고 편안한 공간 설계가 자립적인 노후를 어떻게 지탱할 수 있는지 보여준다. 이와 함께 자연과의 접촉이 노년의 삶을 정서적·심리적으로 어떻게 풍요롭게 만드는지도 함께 다룬다.

3장 '노인을 위한 도시는 있다'에서는 개인의 집을 넘어 지역 사회와 도시 차원에서 노인을 지원할 방안을 제안한다. 노인을 위한 도시는 어떻게 설계되어야 하는지, 세대가 공존하며 모두가 행복한 도시를 만들기 위해 커뮤니티가 어떤 역할을 해야 하는지 등 다양한 해외 사례를 통해 노인이 존엄성을 유지하며 살아갈 수 있는 도시의 가능성을 모색한다.

이 책은 개인의 주거 공간을 다루는 데서 멈추지 않고, 모든 세대가 함께 공존할 수 있는 도시와 사회를 설계하는 데 필요한 통찰과

나이 들어 어디서 살 것인가

비전을 제시한다.

더불어 이 책은 노인만을 위한 내용에 그치지 않는다. 나이 듦을 준비하지 못한 사람이나 아직 그 필요성을 느끼지 못한 사람들까지 아우르고 있다. 중장년층에게는 구체적인 지침을, 부모님을 걱정하는 자녀들에게는 자립과 공간에 대한 이해를 제공한다.

또한 건축가, 도시계획가, 사회복지사, 행정가 같은 전문가들에게는 공간 설계를 넘어선 통찰을 제시한다. 이 책은 노인을 위한 환경이 어떻게 존엄한 삶을 지원할 수 있는지를 구체적으로 보여준다. 무엇보다 젊은 세대에게는 나이 듦이 곧 자신의 미래라는 사실을 일깨운다. 노인을 위한 환경을 고민하는 일은 곧 우리의 미래를 설계하는 일이다.

"어떤 사회의 진정한 수준은
그 사회가 가장 취약한 구성원을 어떻게 대하는지에 달려 있다."

이 문장은 이 책을 관통하는 핵심 메시지다. 노인을 위한 환경을 고민하는 일은 단순히 노인을 위한 것이 아니다. 그것은 결국 모두를 위한 미래를 만드는 일이기도 하다.

2025년 1월, 김경인

1장

집, 나이 들수록
더 위험해진다

노후,
정말 준비되었나요?

너는 늙어봤냐, 나는 젊어봤다

우리는 노인에 대해 얼마나 알고 있을까? 고령 사회를 넘어 '초고령 사회'라는 말까지 등장하고 있다. 대한민국은 세계에서 가장 빠르게 고령화가 진행되는 나라 중 하나라고 한다. 혹시 우리나라 특유의 '빨리빨리' 문화가 고령화까지 빠르게 앞당긴 것은 아닐까?

노인들은 살 집이 없다고 걱정이 태산이다. 우리는 2025년에 초고령 사회로 진입할 것으로 전망하지만, 정작 노인에 대한 이해는 상당히 부족하다. 최근 노인 관련 포럼과 세미나, 논의가 활발히 전개되고 있지만, 여전히 노인을 수치와 통계로만 바라보며 그들의 삶은 이해하지 못하고 있다는 느낌을 받는다. 이러한 부족함은 일상에서 지인늘과 나누는 대화에서 더욱 확연히 드러난다.

"할머니, 할아버지들은 왜 자주 화를 내고 큰 소리로 말하죠?"
"왜 자식들에게 그렇게 전화를 자주 하라는 걸까요?"
"부모님께서 갑자기 침대를 사달라고 하시더라고요."
"요양원에 가시길 거부하는 부모님이 이해가 안 돼요."

우리는 노인들에게 무엇이 필요한지 살펴보거나 그들의 감정에 공감하기보다는 젊은 세대의 관점으로 판단하고, 젊은 세대의 미래에만 집중하는 경향이 있다. 그렇다면, 왜 이렇게 노인에 대해 무관심할까? 아마도 그 이유는 우리 자신이 아직 노인의 삶을 경험해 보지 못했기 때문일 것이다.

"너는 늙어봤냐, 나는 젊어봤다"라는 말처럼, 노인들은 젊은 시절을 경험했지만, 젊은 세대는 아직 노년을 살아본 적이 없다. 나이가 들면서 일상적인 활동조차 도전이 되고, 신체 기능의 저하로 일상 공간이 적대적 환경으로 바뀌는 것을 젊은 세대가 공감하기는 어렵다.

이뿐만이 아니다. 노인들은 사회적으로도 변화를 겪는다. 젊은 시절 중요한 역할을 담당했던 사람들조차 나이가 들면서 점차 그 지위를 잃고, 심한 고립감과 소외감을 경험하게 된다. 이러한 문제는 단순히 노인 개인의 문제가 아니다. 이는 사회 전반에 영향을 미쳐, 의료비 증가나 세대 간 단절 같은 심각한 결과를 초래할 수 있다.

노인의 삶을 들여다보는 것은 무엇보다 중요하다. '노인이 죽으면 도서관이 하나 사라진다'는 말은 노인들의 경험과 지혜가 얼마나 귀한 자산인지 일깨워 준다. 노인을 이해하고 존중하는 태도는 세대를 연결하고 사회를 통합하는 데 핵심적인 역할을 한다. 즉, **노인을 이해하는 것은 그들을 위한 것이 아니라, 곧 자신의 미래를 준비하는 일이다.** 노인에 대해 알고자 하는 마음가짐이 그 첫걸음이며, 초고령 사회의 문제 해결 또한 여기에 달려 있다.

결국, 나이 들어야 보이는 것들

2001년, 나는 '장애인 편의시설 시민대학'에서 휠체어를 타고 경복궁을 둘러보는 실습에 참여한 적이 있다. 당시의 경험은 장애인이 일상에서 겪는 어려움과 공간 설계의 중요성을 깨닫게 해준 값진 시간이었다. 휠체어 사용자에게 경복궁은 이동성도 접근성도 부족한 공간이었다. 직접 휠체어를 타보니, 우리가 일상에서 사용하는 공간이 장애인에게 얼마나 큰 도전이 되는지 절실히 느낄 수 있었다. 그 경험은 장애인을 이해하는 것을 넘어, 그들의 어려움을 공감하는 계기가 되었다. 이후 공간을 바라보는 시각과 태도가 완전히 달라졌고, 그 연장선에서 자연스럽게 고령자에게도 관심이 생겨났다.

나이가 들면서 나에게도 변화가 찾아왔다. 한때 기억력에 자신 있었던 내가 자주 무언가를 잊기 시작했고, 걷는 것도 점점 힘들어졌다. 새로운 것을 배우고 적응하는 데에도 두려움이 생겼다. 가전제품을 새로 사면 기능을 익히는 데 한참 걸리고, 테니스를 칠 때는 아들이 내게 "왜 안 뛰냐"고 묻는다. 심지어 나는 엄청 열심히 뛰고 있는데도 아들에게는 그렇게 보이지 않는 모양이다. 아들이 던지는 그 말이 나를 우울하게 만드는 순간, "너도 나이 들어봐!"라는 말이 저절로 나왔다. 노인들이 자주 하는 말이다. 이 말은 단순한 푸념이 아니다. 나이가 들면서 겪는 신체적·정신적·사회적 변화를 이해해 달라는 노인들의 간절한 호소다.

젊었을 때는 계단을 오르내리거나 먼 거리를 걷는 일이 자연스럽고 일상적인 활동이었다. 그때는 이런 일이 전혀 부담스럽지 않았다. 하지만 나이가 들면서 상황은 달라진다. 근력이 약해지고 관절에 통증이 생기면서, 예전에는 당연했던 일들이 이제는 힘들고 고통스러운 일이 된다. 무릎이 아프고 숨이 가빠 계단을 오르는 것이 고역이 되고, 가벼운 산책조차 버겁게 느껴진다.

동시에 노인들은 오랜 시간 살아온 익숙한 환경과 삶의 방식을 유지하고 싶어 한다. 이는 자신을 지키고자 하는 본능적 반응이자, 그들에게 심리적 안정감을 주는 중요한 요소다. 젊은 사람들은 왜 노인들이 변화를 받아들이지 않는지, 왜 새로운 환경에 적응하지 못하는지 답답하게 여길 수도 있다. 그러나 노인의 입장에서 이는 환경의 변화가 아니라, 자신이 쌓아온 삶의 방식과 안정감을 잃는 것과 같다.

언젠가 우리 모두는 노인이 될 것이다. 노인을 이해하는 일은 곧 우리가 맞이할 미래를 준비하는 과정이다. 이는 노인의 삶에 관심을 갖는 것에서 시작된다.

대체 몇 살부터 노인일까?

일반적으로 만 65세를 노인의 기준으로 삼는다. 교통비 지원, 연금 지급, 실버타운 입주 자격 등 다양한 제도가 65세를 기준으로 설정되어 있다. 하지만 이 기준이 과연 충분한 것일까? 우리의 삶이 숫자로만 정의될 수 있을까?

어떤 조사에서 65세 이상에게 노인의 기준이 몇 살이라고 생각하는지 묻자, 평균적으로 71.7세라고 답했다. 그들은 여전히 활발히 활동하며 스스로를 노인으로 여기지 않는 경향이 있었다. 실제로 농촌에서는 65세에도 청년회장을 맡는 경우가 있을 정도로 나이에 대한 인식이 유연하다. 반면 도시에서는 은퇴 후 집에 머무는 시간이 많아지면서 자신을 노인으로 인식하는 속도가 상대적으로 빨라졌다. 나이로만 노인을 규정하는 것은 각 개인의 경험과 생활 방식을 반영하지 못한 피상적인 접근이라는 방증이다.

노인의 기준을 어디에 두느냐에 따라 많은 것이 달라진다. 만약 우리가 65세를 노인의 기준으로 삼고 100세까지 산다면, 인생의 절반 가까이 노인으로 살아가야 한다. 지금까지 살아온 세월보다 더 긴 시간을 '노년'으로 보내야 한다는 뜻이다. 이렇게 오랜 시간을 한곳에서 살아야 한다면 과연 실버타운에서의 삶이 적합할까? 일부 시설은 아예 75세 이상으로 입주 연령을 제한하기도 한다. 남은 인생을 '노인'이라는 이름으로 정의하고 살아가기에는 30~40년은 너무 긴 시간이다. 노인의 기준은 나이가 아니라, 각자의 삶의 경험과 목표로 규정되어야 하지 않을까?

사회가 정한 기준만으로 노인을 규정하는 것은 개인의 정체성을 무시하는 행위이다. 일본은 65세부터 75세까지를 '전기 고령자', 75세 이상을 '후기 고령자'로 구분하고, 여기에 따라 신체적 능력과 사회적 역할의 차이를 반영하고 있다. 이는 개개인의 노화 속도와 양상이 다름을 인정한 것이다. 누군가는 80대에도 청년 같은 마음으로 활기차게 살고, 누군가는 60대에 신체적 어려움을 겪으며 노년을 시작한다. 나이를 먹는 것은 신체적 쇠퇴가 아니라, 살아온 경험을 반영하는 과정이다.

나이가 들면서도 활발한 사회적 역할을 찾는 사람들은 스스로를 노인이라고 느끼지 않는다. 은퇴 후에도 손주를 돌보고 사회 활동에 참여하면서 새로운 삶의 의미를 찾는 이들도 많다. 이들은 노년을 쇠퇴의 시기가 아니라, 자신만의 역할을 찾아가며 새로운 가능성과 기회의 시기로 받아들인다. 노인이 된다는 것은 신체적 변화만으로 결정되지 않는다. 오히려 이는 살아가는 환경과 사회적 역할에 따라 결정된다.

젊은 시절 30여 년을 일하고 은퇴 후에도 30년 넘게 살아가야 한다면, 노인은 신체적 쇠퇴만으로 정의될 수 없다. 나이가 들어도 사회적 역할을 찾고 활발하게 활동하는 사람들은 스스로를 노인으로 느끼지 않는다. 그들에게 노년은 또 다른 기회이자 자신을 재발견하는 시간이다.

결국, 노인은 나이로 정의되지 않는다. 그들이 앞으로 어떤 역할을 하고자 하는지가 노인인지 아닌지를 결정짓는다. 나이가 들었다고 해서 가능성이 사라지는 것은 아니다.

오늘의 노인, 어제와 다르다

노인 1000만 시대, 이제 인구의 1/5이 노인이라고 한다. 그런데 1000만 명을 한데 묶어 '노인'이라 칭하는 것이 과연 타당할까? 20세부터 65세까지를 청년, 중년, 장년으로 세분화하듯, 노년기 역시 65세부터 100세까지를 동일하게 '노인'으로 분류하는 대신 더 세분화할 필요가 있다. 고령 인구가 증가하면서, 노년기를 구체적으로 나누는 인식의 변화가 필요한 시점이다.

실제로 일부에서는 이미 노인에 대한 시각이 점차 변화하기 시작했다. 과거에는 노년기를 쇠퇴와 의존의 시기로 여겼지만, 최근에는 '액티브 시니어Active Senior(55세~69세)'라는 개념이 등장하며 이러한 고정관념이 바뀌고 있다. 액티브 시니어는 나이에 상관없이 활기차고 자립적인 삶을 추구하는 고령층을 의미한다.

예전에는 노인이 은퇴 후 여유로운 여가를 즐기며 조용한 삶을 보낼 것이라고 여겼지만, 액티브 시니어는 평생 학습 프로그램과 디지털 기술을 활용해 끊임없이 배우고 성장하는 삶을 살아가고 있다.

얼마 전 한 도서관에서 열린 '욕망의 인문학' 강좌는 높은 신청 경쟁률을 기록했으며, 참여자 중 과반수가 60세 이상이었다. 이 강좌뿐만 아니라 다른 곳에서도 고령자들의 적극적인 참여를 쉽게 찾아볼 수 있다.

디지털 기술에 능숙한 것도 액티브 시니어의 특징 중 하나다. 이들은 스마트폰과 컴퓨터를 활용해 정보를 얻고 사회와 소통하며, 온라인 학습 플랫폼으로 새로운 기술을 익히고 있다. 쇼핑과 은행 거래도 온라인으로 손쉽게 처리하며, 소셜 미디어를 통해 사람들과 관계를 이어가고 새로운 인맥을 쌓는다.

유튜버로 활동 중인 '밀라논나'는 나이와 삶의 경계를 초월한 매력을 지닌 '살아 있는 영감靈感'이다. 원래 패션 디자이너였던 그녀는 유튜브라는 플랫폼을 통해 '밀라논나'로 새롭게 변신해 세대를 아우르는 사랑을 받고 있다. 그녀는 나이 듦을 재정의하는 상징적인 인물로 자리 잡았다.

액티브 시니어는 건강 관리에도 높은 관심을 보인다. 자전거 타기, 수영, 요가 등 다양한 운동을 꾸준히 하며 신체 건강을 유지하고, 명상이나 미술, 음악 같은 예술 활동 등을 통해 정신적 안정과 내면의 평화를 찾는다. 여행을 통해 새로운 문화를 경험하며 삶을 더욱 풍요롭게 만들기도 한다.

지난 5월, 나는 더 나이 들기 전에 꼭 걸어보고 싶었던 산티아고 순례길에 올랐다. 그런데 놀랍게도 길 위에는 머리가 하얀 노인들이 제법 많았다. 함께 걷는 우리 일행은 20명이었는데, 그중 절반인 10

명이 칠순을 기념하여 순례길을 걷는다고 했다. 이분들은 나이를 잊고 청춘처럼 살아가고 있었다.

액티브 시니어는 자원봉사나 멘토링으로 후배 세대에게 자신의 경험을 나누는 등 지역 사회에서 중요한 역할을 맡고 있다. 이들의 경험과 지식은 사회에 이바지하는 귀중한 자산이다. 오래 사는 것보다 '어떻게 사는가'가 더 중요하다는 삶의 철학을 몸소 보여주며, 이들은 나이를 초월해 주체적이고 능동적인 삶을 살아간다.

청년보다 더 청춘다운 삶을 살아가는 이들에게는 그들만의 특별한 공간이 필요하다. 이들이 활발한 활동을 지속하기 위해서는 집이든 도시든 다기능적이고 유연한 공간이 요구된다. 그래야만 자유로운 생활과 사회적 활동을 동시에 이어갈 수 있다.

먼저, 주거 공간은 다목적 공간으로 변모해야 한다. 액티브 시니어는 집을 휴식 공간으로만 사용하지 않는다. 재취업이나 창업, 학습, 여가를 동시에 영위하려면 그에 적합한 공간이 필요하다. 예를 들어, 집 안에 사무실 공간home office을 마련해 학습, 강의, 자문 활동 등을 할 수 있는 환경이 제공되어야 한다. 디지털 기술을 능숙하게 활용하는 이들이 늘어나면서 이러한 변화는 더욱 중요해지고 있다. 여유가 있다면 방 하나를 이런 용도로 꾸미겠지만, 많은 경우 베란다를 활용하기도 한다. 이는 코로나 시기에 재택근무가 늘어나면서 집을 다기능 공간으로 변모시켰던 흐름과도 맞닿아 있다.

또한, 액티브 시니어가 다양한 세대와 소통하고 교류할 수 있는 공간도 필요하다. 복합 문화 공간, 커뮤니티 센터, 공유 오피스 및 창작

공가, 교육 및 체험형 키페, 시니어와 청년이 협력할 수 있는 프로젝트 공간 등도 필수적이다. 이러한 공간들은 시니어들이 새로운 지식을 습득하고 세대 간 협력을 통해 자기 계발과 사회적 기여를 동시에 이룰 수 있는 장이 된다.

공공 공간 역시 액티브 시니어의 건강과 여가 활동을 지원하는 중요한 역할을 한다. 산책로, 운동기구, 수영장, 요가 스튜디오 등은 신체적 건강을 유지하는 데 도움을 주며, 각자의 건강 상태에 맞는 운동을 선택할 수 있도록 설계되어야 한다. 도서관, 박물관, 미술관 같은 문화 공간은 여가 시간을 풍요롭게 하고 창의성을 발휘할 수 있는 장소로 활용될 수 있다.

공공 공간은 액티브 시니어가 자유롭게 이용하며 사회적 활동을 지속할 수 있는 환경을 제공하고, 자립적이고 활동적인 삶을 지원하는 핵심 요소다. 이러한 공간들은 생활을 돕는 수준을 넘어, 액티브 시니어가 활기차고 자립적인 삶을 지속적으로 이어갈 수 있도록 설계되어야 한다.

노인 5명 중 1명이 '혼자 산다'

독거노인의 증가는 초고령 사회가 직면한 주요 과제다. 이제는 '노인 5명 중 1명은 혼자 산다'는 말이 전혀 낯설지 않을 정도로 흔한 현실이 되었다. 빠른 고령화와 1인 가구 증가가 맞물리면서 독거노인의 수는 사상 처음으로 200만 명을 넘어서며, 사회 문제로 떠오르고 있다. 현재 65세 이상의 고령 인구 중 22.5%가 독거노인으로, 약 213만 8,000명에 달한다. 특히 85세 이상의 고령층에서는 독거노인의 비율이 27.7%에 이르러, 나이가 들수록 혼자 사는 비율이 높아지는 경향을 보인다.

독거노인이 증가하는 주요 요인 중 하나는 빠른 고령화다. 한국은 전 세계에서 가장 빠르게 고령화가 진행되는 국가로, 65세 이상 인구가 전체 인구의 20%에 이른다. 여기에 1인 가구 증가는 독거노인 증가에 영향을 미친다. 전체 가구 중 1인 가구 비율이 2018년 29.3%에서 2022년 35.5%로 증가하며, 고령층뿐 아니라 젊은 세대에서도 혼자 사는 현상이 보편화되고 있다.

가족 구조의 변화 역시 독거노인 증가에 중요한 영향을 미치는 요인이다. 과거에는 자녀와 함께 사는 것이 일반적이었으나, 현대 사회에서는 자녀가 독립해 부모와 떨어져 사는 경우가 많아졌다. 자녀가 직장 때문에 타 지역으로 이사하거나 자신의 가정을 꾸리면서 부모는 홀로 남는 경우가 늘어나고 있다. 특히 배우자를 잃은 노인이 가족의 지원 없이 독립적으로 살아가는 경우가 많아지며, 독거노인 수는 계속 증가하는 추세다.

고령층의 자립 의지도 독거노인 증가의 또 다른 원인이다. 일부 고령자는 자녀에게 의존하기보다 독립적으로 생활하며 자신만의 생활 방식을 유지하려는 선택을 한다. 그러나 이러한 삶은 사회적 고립을 초래할 위험이 있다. 경제적·심리적으로 취약한 환경에서 홀로 생활

나이 들어 어디서 살 것인가

하는 고령층은 고립감과 건강 문제에 더 쉽게 노출될 가능성이 크다.

특히 85세 이상 고령층에서 독거노인의 증가가 두드러지는데, 이는 배우자와 사별하거나 가족과 멀리 떨어져 사는 경우가 많기 때문이다. 저소득층이 밀집한 영구임대아파트에 거주하는 독거노인의 비율은 50%를 넘어서며, 이들은 경제적 취약성과 사회적 고립으로 인해 삶의 질 저하, 심리적 불안, 건강 문제를 겪을 가능성이 높다.

독거노인의 고독사가 뉴스에서 연일 보도되며, 이들이 직면한 일상의 위험 요소는 주요 사회 문제로 다뤄지고 있다.

우선, **독거노인이 직면한 신체적 위험 중 하나는 낙상 사고다.** 고령화와 함께 낙상 사고가 빈번해지며, 이는 독거노인에게 치명적인 문제로 작용한다. 낙상은 골절이나 내출혈 같은 심각한 부상을 초래하기도 하는데, 문제는 사고 발생 시 즉각적인 도움을 받을 수 없다는 점이다. 혼자 사는 독거노인이 낙상 후 오랜 시간 발견되지 못해 생명을 잃는 사례도 있다. 특히 심장마비나 뇌졸중 같은 급성 질환이 발생했을 때 신속히 조치하지 않으면 생명이 위태로워질 수 있으며, 골든타임을 놓쳐 사망에 이르는 안타까운 사례도 많다.

만성 질환 관리의 어려움도 독거노인의 건강을 위협하는 주요 요소다. 고혈압, 당뇨, 관절염 등 노년에 흔히 발생하는 만성 질환은 정기적인 관리가 필수적이다. 그러나 독거노인은 병원 방문을 미루거나 필요한 의료 지원을 받지 못하는 경우가 많아 질환이 악화되고 건강 상태가 더욱 나빠지기도 한다. 또한 적절한 영양 섭취와 약물 관리의 어려움 역시 독거노인의 건강을 위협하는 심각한 문제다. 정서적 고립과 외로움 또한 독거노인이 겪는 큰 어려움 중 하나다. 핵가족화로 자녀와 떨어져 지내며 정서적 지원을 받기 어려운 상황에서, 많은 독거노인이 하루하루를 고립감 속에서 보내고 있다. 이러한 고립은 노인의 정신 건강에 부정적인 영향을 미쳐 우울증과 불안을 유발할 수 있다. 외로움은 사회적 교류 부족으로 면역력을 약화시키고, 인지 기능 저하를 초래해 치매 발병 위험을 높이는 요인이 되기도 한다.

경제적 어려움 또한 독거노인의 삶을 어렵게 만드는 주요 요인 중 하나다. 많은 독거노인이 연금이나 복지 지원금에 의존하고 있지만, 이것만으로 의료비, 생활비, 주거비를 충당하기에는 턱없이 부족하다. 이러한 경제적 어려움은 건강 관리와 사회 활동을 제한하며, 정서적 고립과 신체적 위험을 더욱 악화시키고 있다.

또한, 주거 환경 문제도 독거노인의 일상을 위협하는 중요한 요소다. 오래된 주택은 미끄러운 바닥, 안전 손잡이 부족, 불충분한 난방 등 기본적인 안전과 편의성이 결여된 경우가 많다. 이러한 열악한 주거 환경은 사고 위험을 높이고 생명을 위협할 수 있다. 독거노인의 일상을 지킬 수 있는 기본은 안부 확인에서 출발한다.

나이 들어 어디서 살 것인가

집,
가장 안전하다는 착각!

나이 들수록 집이 가장 위험하다

많은 사람에게 집은 안전하고 편안한 공간이지만, 노인에게 집은 신체적 사고가 빈번히 발생하는 위험한 공간이 될 수 있다. 통계에 따르면 노인 사고의 약 63%가 낙상이며, 대부분이 집에서 발생한다. 2018년부터 2021년까지 조사한 자료에 따르면, 고령자의 낙상 사고 중 약 74%가 집 안에서 발생했다고 한다. 이는 우리가 '안전하다'고 생각하는 집이 노인에게는 큰 위험이 될 수 있음을 여실히 보여준다.

사람은 나이가 들수록 균형 감각이 저하되며 근력과 골밀도가 감소하기 때문에 작은 충격에도 큰 부상을 입을 수 있다. 미끄러운 바닥은 대표적인 위험 요소이다. 특히 욕실과 주방처럼 물을 사용하는 곳은 바닥에서 미끄러지기 쉬워 낙상의 위험이 크다. 카펫이나 매트가 제대로 고정되어 있지 않으면, 발이 걸려 넘어지기도 한다. 이러한 미끄러운 표면은 골절, 두개골 손상과 같은 치명적인 부상을 초래할 수 있다.

또한, 휠체어나 보행 보조기를 사용하는 노인들에게는 높은 문턱이나 좁은 복도도 신체적 안전을 위협한다. 이동 중 걸려 넘어지거나 다칠 위험이 크기 때문이다. 원래 집은 편안하고 안전해야 할 공간임에도 불구하고, 이러한 구조적 장애물은 오히려 노인의 이동을 방해하고, 심지어 낙상 사고를 유발한다.

조명이 어두운 공간도 문제가 된다. 나이가 들면서 시력이 약해지기 때문에, 조도가 낮은 공간에서는 물체를 제대로 인식하지 못해 넘어질 위험이 크다. 어두운 복도, 계단, 욕실 같은 공간에서는 물건을 잘 보지 못해 낙상하기 쉽다. 밤에 화장실에 가는 등 집 안에서 이동할 때, 어두운 조명은 신체적 안전을 위협한다.

계단에 난간이 없거나 불안정하게 설치된 경우도 마찬가지다. 노인은 계단을 오르내릴 때 균형을 잡기 어렵기 때문에, 넘어지지 않으려면 안정적인 난간이 필수이다. 난간이 없거나 불안정하다면, 계단에서 낙상 사고가 발생할 가능성은 훨씬 높아진다. 이런 환경에서 낙상 사고는 부상에 그치지 않고, 장기적인 치료가 필요하거나 심한 경우 생명까지 위협할 수 있다.

이 문제를 해결하기 위해서는 주거 환경을 전반적으로 개선해야 한다. 주거 환경이 안전할 때 비로소 노인들은 안심하고 자립적인 생활을 이어갈 수 있다. 집이 진정한 안식처가 될 수 있도록, 낙상 예방을 위한 환경 개선이 필요하다.

나이 들면 달라지는 시각의 변화들

■ **색상 인지의 변화**(수정체 황변화) : 노화로 인해 수정체가 노랗게 변하는 '수정체 황변화'는 단파장인 파란색 계열 빛을 제대로 투과하지 못하게 한다. 이로 인해 파란색이 어둡고 탁하게 보이며, 빨간색, 주황색, 다홍색 등 장파장 색상이 비슷하게 보이는 경우도 있다.

■ **색상 및 명암 인식 저하**(망막 변화) : 나이가 들면서 망막의 추상체 기능이 약해지면 청색과 녹색을 구별하기 어려워진다. 망막 변화가 생긴 노인은 신호등의 녹색을 인식하지 못할 수 있으며, 이로 인해 교통사고 위험이 증가한다.

■ **빛 감지 능력 감소**(동공 변화) : 나이가 들수록 동공이 작아져 빛을 받아들이는 양이 줄어든다. 이 때문에 저조도 환경에서 물체를 인식하기 어려워지고, 밤중에 화장실로 이동하는 것처럼 어두운 환경에서 걸을 때 벽에 부딪히거나 넘어지는 사고가 발생할 수 있다.

■ **근거리 시각 저하**(노안) : 나이가 들면서 수정체의 탄력이 감소하여 가까운 물체에 초점을 맞추기 어려워지는 현상이다. 독서나 스마트폰을 사용할 때 글자가 흐릿하게 보이는 증상이 나타나며, 계단의

끝부분을 명확히 인식하지 못해 발을 헛디디는 등 사고를 유발할 수 있다.

노인의 시선은 어디를 향하는가

사람은 나이가 들수록 시선이 자연히 아래로 향하고, 시야가 축소되며 거리와 깊이를 인식하는 능력이 저하된다. 이러한 시각적 변화는 공간 인식과 탐색 능력에 부정적인 영향을 미쳐 다양한 사고가 발생할 수 있다. 일상생활에서 공간을 인식하는 능력이 크게 제한되면서 안전하게 활동하기가 어려워진다.

노화로 인해 척추가 굽고 머리가 앞으로 기울어지면서 체형 변화가 발생하여 시선이 자연스럽게 아래로 고정된다. 이로 인해 전방이나 주변 상황을 인식하는 데 제약이 생겨 보행 중 발생할 수 있는 다양한 위험 요소를 충분히 인식하지 못하게 된다. 예를 들어, 횡단보도를 건널 때 신호등을 정확히 확인하지 못해 교통사고가 날 확률이 높아지고, 계단을 오르내릴 때 발밑에만 집중하다가 장애물이나 계단 끝을 잘못 디뎌 낙상 위험이 커질 수 있다. 시선이 아래로 향하게 되는 것은 노인의 자율적 보행을 제한하고 안전성을 위협하는 요인이다. 스마트폰을 보느라 신호등을 보지 못해 일어나는 사고를 막기 위해 횡단보도에 설치한 바닥 조명도 시선이 아래로 고정된 노인에게 도움이 된다. 그에 비해 아파트의 동 출입구 표지는 대부분 위쪽에 있다. 게다가 작고 조명도 없다. 노인들이 잘 보지 못하는 모든 조건을 갖추고 있다. 반면, 한 아파트는 엘리베이터 홀의 바닥에 층수를 표시해 두었다. 이런 디자인은 노인을 위한 배려가 될 수 있다.

시야 축소는 녹내장과 같은 안과 질환으로 인해 시야 범위가 좁아지는 현상이다. 시야가 좁아지면 노인들은 주변 상황을 인식하기 어려워져 보행 중 옆에서 다가오는 자전거를 못 보고 충돌하거나, 운전 중 사각지대를 제대로 살피지 못해 사고로 이어질 수 있다. 특히 넓은 공간에서 물체나 사람을 인식하는 능력이 떨어지면서 이동성이 위축되고 활동 범위가 좁아지게 된다. 녹내장 환자는 초기에는 중심 시력을 유지하지만, 말기에는 터널 비전(터널을 통해 보는 것처럼 시야가 좁아지는 현상)처럼 매우 좁고 제한된 시야만 남는다. 시야 축소는 집 안에서도 장애물을 보지 못해 넘어지거나 부딪힐 가능성을 높이며, 안내판을 가까이 설치하는 등의 배려가 필요하다.

녹내장 등으로 인한 시야 축소는 조기 진단과 치료를 통해 진행을 늦출 수 있지만, 손상된 시신경은 회복이 어렵다. 시야 축소는 거리와 깊이의 인식 능력의 저하로도 이어지는데, 그럴 경우 계단을 오르내리거나 보도에서 도로로 연석을 내려갈 때 발을 헛디디거나 넘어질 위험이 커진다. 이러한 낙상 사고는 타박상을 비롯해 골절 같은 심각한 부상을 입힐 수 있다.

상: 노인의 시선을 고려해 주동 측벽에 동호수를 크게 표시하여 시인성을 확보했다(좋은 예).
하: 노인의 시선을 고려하지 않고 동호수를 위쪽에 배치한 설계는 개선이 필요한 사례이다.

상: 글씨 크기를 키우고, 정보량을 줄이며 색상의 대비를 크게
하여 시인성을 확보했다(좋은 예).
하: 글씨가 작게 설계된 안내판은 노인의 시야 축소와 노안을
고려하지 않은 사례이다.

내 집에서 불안하지 않으려면

집은 정서적 안정감을 제공해야 하는 공간이지만, 노인에게는 오히려 불안과 고독을 유발하는 장소가 될 때가 많다. 나이가 들면서 사회적 역할과 활동 범위가 줄어들고, 배우자나 친구를 잃거나 자녀가 독립하면서 고립감을 더욱 강하게 느끼며, 집을 외롭고 고독한 공간으로 여기게 된다.

〈혼자 사는 노인 정신 건강 우려〉나 〈집에 가면 아무도 없어서 외로워요〉라는 기사 제목들은 노인들이 느끼는 쓸쓸함과 외로움이 얼마나 심각한지 보여준다. 혼자 생활하는 노인이 증가함에 따라, 집은 외부와 단절된 공간이 되고, 이웃과 자연스럽게 교류할 기회가 없는 주거 환경은 고립감을 심화한다. 이웃과 소통할 수 있는 커뮤니티 공간이나 산책로 같은 시설이 부족하면 노인들은 깊은 적막감과 정서적 혼란을 경험하게 되며, 이는 우울과 불안으로 이어지기도 한다.

노인은 익숙한 환경에 크게 의존하기 때문에 지나치게 현대적이거나 기능 위주의 주거 설계는 오히려 낯설고 불안할 수 있다. 차가운 인테리어나 복잡한 장치가 많은 공간은 정서적 안정감을 해칠 수 있다. 반대로 오랫동안 사용한 가구, 추억이 담긴 물건, 익숙한 풍경 등이 있는 주거 환경은 심리적 안정감을 제공한다.

주거 공간에 자연환경이 부족한 것 또한 사람을 황폐화한다. 자연을 가까이 하면 마음이 안정된다. 실내의 식물이나 창밖의 녹색 풍경만으로도 노인들에게는 큰 위안을 준다. 반대로, 창문이 작거나 자연을 접할 기회가 적은 환경에서는 답답함과 고립감이 심화된다. 작은 화분을 돌보는 일은 노인들에게 심리적 만족과 안정감을 주며 삶의 활력을 높이지만, 자연과의 접촉이 부족한 환경은 일상 속 위안과 안온함을 줄여 정서적 불안으로 이어질 수 있다.

소음 문제도 중요한데, 지나친 소음은 스트레스와 불안을 가중하고, 지나치게 조용한 환경은 고립감을 더 깊게 한다. 시골이나 인적이 드문 지역에 사는 노인들은 지나치게 고요한 집에서 단절감을 느낄 수 있다.

노인들에게는 응급 상황에 대한 불안도 크다. 화장실이나 침실에 응급 호출 시스템이 없는 경우, 위급 상황에서 빠르게 도움을 받을 수 없다는 공포가 가중될 수 있다. 주거 공간에 응급 호출 버튼이 설치된 안전 시스템은 이러한 불안을 줄이는 중요한 장치다. 한 방송에 소개된 실버타운에서는 집 안 곳곳에 응급 호출 버튼이 설치되어 있어 노인들에게 신체적·정서적 안전망을 제공하고 있다.

이처럼 다양한 요인이 복합적으로 작용하여 노인은 집에서도 편하게 쉬기 어려운 상황이 된다. 집에서만큼은 마음 놓고 안정을 느낄 수 있도록, 따뜻하고 익숙한 요소들로 채워진 주거 환경이 필요하다.

노후의 안식처, 안전하게 준비하는 법

노년기에 접어든 많은 노인은 신체적 고통보다 정서적 외로움을 더 크게 느낀다. 한 시골 노인이 '괴롭다'가 아니라 '외롭다'고 표현했듯이, 고립감은 노년기 삶의 질에 심각한 영향을 미친다. 대부분 시간을 집에서 보내는 노인들을 외롭게 만드는 데에는 주거 환경이 큰 영향을 끼친다.

이웃과 자연스럽게 교류할 수 있는 커뮤니티 공간이 부족한 주거 환경에서는 외부와 연결이 점차 약해지면서 정서적 안정감이 크게 저하된다. 혼자 사는 노인에게는 공용 공간의 부재가 특히 치명적이다. 거실이나 주방 같은 공용 공간이 협소하거나 없는 경우, 외부와 연결이 차단되어 더욱 깊이 고립되기 쉽다.

연구에 따르면 사회적 교류가 부족한 노인들은 우울증, 인지 기능 저하, 신체 건강 악화의 위험이 증가한다. 다시 말해 사회적 교류는 인지 기능 유지, 우울감 예방, 신체 건강에 중요한데, 이 기회가 부족하면 노인들은 더욱 쓸쓸해지고 정신적 문제를 겪을 가능성이 높아진다. 이는 주거 환경이 사회적 교류를 촉진하고 외로움을 해소하는 데 중요한 역할을 해야 함을 보여준다.

고립감을 부추기는 주거지 위치도 중요한 요인이다. 외딴 지역이나 도심 외곽에 위치한 집, 대중교통 접근성이 낮은 지역에서는 외출이 어려워지고 자연스럽게 이웃과의 교류도 줄어든다. 고층 아파트에 엘리베이터가 없거나 계단이 많아 외출이 불편한 구조적 환경 또한 이동이 제한된 노인에게 고립감을 더하며 외로움을 심화한다.

또한, 노인이 거주하는 지역에서 세대 간 상호작용이 줄어들면 소외감은 더욱 커진다. 주거 단지나 지역 사회에서 노인과 젊은 세대가

나이 들어 어디서 살 것인가

함께 어울릴 기회가 부족하면 노인은 사회적 연결이 단절되는 느낌을 받게 된다. 이를 해결하기 위해 세대 간 소통을 돕는 커뮤니티 센터나 공원, 노인 친화적 프로그램이 필요하다. 이러한 공간에서 노인들은 다양한 사람들과 교류하여 소속감을 느끼고 단절감을 완화할 수 있다. 장보기, 병원 내원, 산책 등 일상 활동에서도 사회적 교류가 가능하다. 그러나 그런 일상을 도와줄 가족이나 친구가 없거나 이웃과의 관계가 소원하면 노인들은 혼자 활동하는 빈도가 높아지며 소외감을 더 강하게 느낀다.

최근 증가하는 반려동물 양육도 외로움을 해소하기 위한 시도로 볼 수 있다. 반려동물은 정서적 안정감을 제공할 뿐만 아니라, 산책 중 이웃과 자연스럽게 교류할 수도 있다. 하지만 이런 개인의 노력만으로는 충분하지 않으며, 노인이 지역 사회와 교류할 수 있는 체계적인 프로그램과 시설이 필요하다.

이처럼 주거 환경은 노인이 사회적 연결을 지속하도록 외부와의 자연스러운 연결을 제공할 수 있어야 한다. 커뮤니티 공간과 이웃 간 교류 기회를 마련해 노인들이 더욱 활기차고 안정된 삶을 누릴 수 있도록 돕는 것이 중요하다.

실버타운에
들어가면 정말 행복할까?

노년의 낙원 vs 고립된 공간

나이 들면 어디에서 살지 고민하는 사람들에게 가장 먼저 떠오르는 것이 실버타운일 것이다. 이곳은 주거, 의료, 여가 공간이 결합한 노인 전용 공간으로, 언뜻 보면 노인들에게 '낙원'처럼 여겨지기도 할 것이다. 그러나 직접 실버타운을 둘러본 뒤에는 의외로 아쉬운 점들이 눈에 띄었다. 건물 외관은 고급스러웠지만 내부는 지나치게 표준화된 구조였고, 자연스러운 생활 공간이라기보다는 마치 관리 중심의 '시설' 같은 느낌을 주었다. 노인들끼리만 모여 있는 환경은 안정감을 줄 수 있을지 몰라도, 외부와 교류가 차단된 느낌을 주기도 한다.

실버타운은 일반적으로 세 끼 식사를 제공하고 편리한 생활환경을 지원하지만, 과연 독립적으로 생활이 가능한 노인들에게도 이곳이 적합한 공간일까? 나는 시설을 둘러보며 '집에서 살아야겠다'는 마음을 굳히게 되었다. TV 프로그램 〈시사기획 창〉의 '엄마의 마지막 집'에서 고령자 복지주택을 방문한 한 어머니가 "집은 마음에 드는데 슬프다"라고 말했던 장면이 떠오른다. 실버타운이 노후의 안락함을 위한 '시설'에만 머물지 않고, 개인의 삶과 취향을 반영하는 진정한 '집'으로 기능한다면 노인들에게 더 큰 의미가 있을 것이다.

대부분의 실버타운은 유형별로 나누어져 있지만 A타입, B타입, C타입 같은 분류는 사실 평형의 차이에 불과하다. 내부 인테리어와 공간 배치는 모두 동일해 개인의 취향이나 라이프 스타일을 반영할 여지가 거의 없다. 지나치게 표준화된 환경 때문에 실버타운은 입주자 개개인의 삶과 개성을 담기보다는 획일화된 공간처럼 느껴진다. '고급 호텔' 같은 이미지를 강조하며 노년의 삶을 공간적 편리함으로만 바라보는 듯하다.

자연환경 또한 부족하다고 느꼈다. 물론 일부 실버타운 중에는 자연환경이 풍부한 곳도 있다. 연구에 따르면, 자연과의 접촉은 스트레스 해소와 우울증 완화에 큰 도움이 된다. 그러나 도심의 실버타운은 조경 공간이 있다고는 하지만 매우 제한적이며, 특히 오감을 자극하기에는 턱없이 부족하다. 일정한 형식으로 배치된 나무와 꽃이 노인들에게 삶의 활력과 추억을 불러일으킬 수 있을지 의문이 든다. 과연 노인의 오감을 고려해서 수종을 신중히 선택했는지 궁금해졌다.

안전 역시 중요한 요소다. 실버타운에는 다양한 운동기구가 갖춰져 있지만, 실제 이용하는 사람은 적었다. 운동 시설 대부분이 건강한 사람에게 적합하게 설계되어 있어, 힘이 약해진 노인들에게는 부담스러울 수 있다. 낙상 사고가 발생한 적이 있다는 이야기를 들었을 때, 노인들의 신체적 특성을 반영한 안전한 운동 시설이 필요함을 다시금 느꼈다.

실버타운을 둘러보는 동안 한 가지가 특히 눈에 들어왔다. 웃음소리가 거의 없고, 지나치게 조용한 분위기였다. 65세 이상만 입주 가능한 실버타운은 동일한 연령대와 비슷한 배경의 사람들로 구성되어 안정감을 줄 수는 있지만, 대화 주제가 과거에 머물고 자주 반복되며, 이런 상태로 시간이 지나면 새로운 자극이 부족해질 가능성이 높다. 그래서일까, 일부 사람들은 실버타운을 '창살 없는 감옥'이라고 부르기도 한다. 과연 이곳은 노년의 안식처일까, 아니면 고립된 공간일까?

아름다운 꽃도 같은 종류만 모여 있으면 지루하게 느껴진다. 서로 다른 세대와 다양한 배경의 사람들이 섞여 있어야 진정한 아름다움과 활력이 살아난다. **실버타운이 진정한 의미에서 노인들의 '집'이 되기 위해서는, '시설' 이상의 가치가 필요하다.** 노년의 삶이 고립된 '시설'이 아닌, 각자의 취향과 삶의 경험이 살아 숨 쉬는 '집'으로 실현될 때, 비로소 실버타운은 노인들에게 이상적인 선택지가 될 것이다.

마지막을 기다리는 곳? NO!

많은 사람이 요양시설에 대해 '건강한 사람이 들어가면 결국 죽음을 맞이하는 곳'이라는 부정적 이미지를 가지고 있다. 노인들 역시 치매나 노인성 질환이 심해져 요양시설에 들어가는 것을 두려워하며, 그곳에서의 생활을 삶의 마지막 단계로 인식한다. 건강한 사람도 요양시설에 들어가면 일찍 사망할 것이라는 불안감 때문에 노인들은 요양시설을 거부한다.

우리나라 요양시설은 입소 후 가정으로 돌아오는 사례가 드물다. 반면, 일본의 치매 요양원은 '치매 환자의 가정 복귀'를 목표로 운영되며, 도쿄의 '집으로 돌아가자' 병원은 장기 입원 대신 하루라도 빨리 환자들이 가정으로 복귀해 일상생활을 할 수 있도록 돕는다. 이러한 접근은 요양시설이 여생을 보내는 공간이 아니라 일상으로 돌아가기 위해 지원하는 장소로 변화해야 함을 보여준다.

우리의 요양시설은 멀쩡히 걸을 수 있던 노인도 침대에서 지내다 사망하게 된다는 부정적 인식이 팽배하다. 이는 요양시설이 낙상 사고 등 안전 문제를 우려해 노인들의 활동을 최소화하는 데서 비롯된다. 침대 생활을 지속하면 근력 저하와 인지 기능 저하가 빠르게 진행되며, 결국 노인들은 자율적인 움직임이 어려워질 수밖에 없다. 또한, 침대 생활은 신체적 활동뿐 아니라 타인과의 교류를 제한해 정서적 고립을 초래한다.

요양시설에서는 많은 노인이 침대에서 식사를 해결한다. 이는 언뜻 안전하고 편리해 보일 수 있으나 신체 활동을 극도로 제한해 근육 퇴화를 가속한다. 식사를 위해 공동 식당을 이용하지 않으면 자주 움직일 필요가 없기 때문에 근력이 저하되고, 자립적인 생활이 어려워진다. 근력 저하는 노인의 자립적인 삶을 위협하며, 삶의 질을 크게 떨어뜨린다.

이 문제를 해결하려면 노인들이 일상적으로 걸을 수 있는 상황을 조성해야 한다. 침대에서 식사를 하기보다 공동 식당에서 다른 사람과 함께 식사하며 신체 활동과 사회적 교류가 가능하도록 해야 한다. 공동 식사는 고립감을 줄이고 활기찬 일상을 유지하는 데 도움이 된다.

또한, 요양시설 내에 산책로를 조성해 노인들이 자유롭게 걸을 수 있는 환경을 마련하는 것이 필요하다. 자율적으로 산책하며 근력을 유지할 수 있고 건강한 생활이 가능해진다. 산책로와 직관적인 운동 시설이 제공된다면 노인들은 자립적으로 운동을 이어가며 근력 저하 등 신체적 건강 문제를 예방할 수 있다.

요양시설의 목적은 노인을 돌보는 것이 아니라, 그들이 가능한 한 자율적이고 건강한 생활을 유지하도록 돕는 데 있다. 요양시설은 '죽음을 기다리는 곳'이 아니라 활기찬 삶을 지속하는 공간으로 변화해야 한다. 노인이 건강하게 살아갈 수 있도록 지원하는 진정한 '집'이 될 때, 요양시설은 비로소 진정한 노인복지시설로 자리 잡을 수 있을 것이다.

프라이버시 없는 곳, 건강에도 해롭다

어느 62세 남성이 병원에 입원해 4인실에 배정 받았다. 각자의 공간은 커튼 한 장으로만 가려졌고, 그는 전혀 알지 못하는 사람들과 얼마 동안 지내야 할지도 모르는 상황에 놓였다. 성격도, 습관도, 병명도 서로 다른 이들과 같은 방을 쓰며 작은 일에도 신경이 곤두섰다. 실내 온도나 불빛에 대한 민감도조차 달라 충돌을 일으켰고, 그는 입원 후 몇 시간도 안 되어 스트레스를 받기 시작했다. 이런 환경에서 프라이버시는 사실상 불가능했다.

나이가 들수록 프라이버시의 중요성은 더욱 커진다. 평생 쌓아온 자율성과 독립성을 노년에도 유지하고 싶지만 요양시설에서는 이러한 개인의 자유가 크게 제한되기 때문이다. 요양원이나 요양시설에서는 여전히 2인실, 4인실, 혹은 6인실 등 집단생활이 요구되며, 낯선 사람들과의 동거로 프라이버시가 침해될 수 있다. 이런 환경은 노인에게 심리적으로 부담이 되며, 그들의 자율성을 제한해 스트레스를 유발하는 악순환으로 이어진다.

게다가 요양시설에서는 개인이 생활 패턴을 조정할 기회가 거의 없다. 상호 돌봄을 주고받는 환경을 기대하며 집단생활을 시작하지만, 현실에서는 서로 다른 성격과 생활 습관의 차이로 갈등이 잦다. 수면 시간 같은 생활 리듬이 맞지 않으면 사소한 일에도 스트레스가 쌓인다. 독립적으로 조용히 쉴 수 있는 개인 공간을 찾기란 거의 불가능하다. 이것은 노년기에 특히 중요한 프라이버시와 심리적 안정감을 보장하지 못하는 이유다.

프라이버시의 부재는 자신이 존중받지 못한다는 느낌을 줄 수 있다. 이는 자율성 상실로 이어져 삶의 의욕을 저하한다. 노년기 프라이버시는 사생활 보호의 문제가 아니라, 인간의 존엄성과 삶의 질을 좌우하는 중요한 요소다.

이 문제를 해결하려면 노인들에게 개인 공간을 제공해야 한다. 1인실을 제공해 자신만의 공간에서 자유롭게 생활할 수 있도록 하고, 스스로의 생활 패턴을 유지하며 다른 입주자와의 마찰을 최소화할 수 있어야 한다. 물론 1인실뿐만 아니라 2인실 같은 선택지도 주어 각자의 생활 방식과 성격에 맞는 환경을 선택할 수 있도록 해야 한다. 2년 전 개원한 시립 ○○ 실버케어센터는 이전의 6인실이나 8인실보다 나아진 4인실을 제공하고 있지만, 여전히 1인실의 필요성은 해결하지 못했다. 일본에서도 1인실을 의무화하기 전에는 프라이버시 문제가 심각했다고 한다. 심지어 일본의 어느 부부는 서비스지원형 고령자주택에서조차 각방을 쓸 정도로 프라이버시를 중요하게 여긴다.

요양시설은 돌봄을 제공하는 쪽의 편의가 아닌, 돌봄을 받는 노인의 프라이버시와 자율성을 우선해야 한다. 그리하여 삶의 존엄성을 지키며 편안하게 생활할 수 있는 개인 공간을 제공하는 진정한 '집'이 되어야 한다.

나이 들어 어디서 살 것인가

아파트가
왜 이렇게 불편해졌지?

낯설어진 아파트, 길 잃은 마음

한때는 편리하기만 했던 아파트가 나이가 들수록 왠지 낯설고 불편하게 느껴진다. 익숙하던 복도와 출입구가 헷갈리고, 비슷비슷한 외관에 자꾸만 방향을 잃는다. 얼마 전까지만 해도 전혀 문제없었던 구조와 디자인이 이제는 혼란스럽게 다가온다. 내가 변한 걸까, 아니면 이 아파트가 나에게 맞지 않게 된 걸까?

우리나라에서 아파트는 대표적인 주거 형태로 자리 잡았다. 그러나 아파트의 천편일률적 구조와 외관이 노인에게 혼란을 주며 새로운 문제를 일으키고 있다. 특히 낯선 아파트 단지를 방문할 때 단조롭고 반복적인 구조 때문에 노인들은 방향을 잃고 길을 헤매기 쉬우며, 자신이 있는 위치를 파악하는 데 어려움을 겪는다.

대부분의 아파트 단지는 비슷한 디자인과 획일적인 구조로 설계되는데, 이는 노인에게 심리적 혼란을 가중한다. 반복되는 외관은 시력과 기억력, 방향 감각이 저하된 노인이 길을 찾기 어렵게 만들고, 이는 외출에 대한 불안을 키운다. 특히 치매 증상을 겪는 노인에게는 이러한 문제가 더 심각하게 작용하여, 익숙한 공간에서도 길을 잃고 헤매는 일이 발생하고 심리적 스트레스가 높아진다. 예를 들어, 산책을 하거나 장을 본 뒤 집으로 돌아오는 길에 자신이 사는 동을 찾지 못해 헤매는 경우가 종종 발생한다.

많은 아파트가 주동(住棟, 아파트 단지에서 동일 코어를 사용하는 독립된 각 건물)에 흰색이나 회색 같은 단색을 사용하고 있어 시각적으로 구분할 수 있는 요소가 거의 없다. 노인에게는 공간을 인지하고 기억할 수 있는 명확한 시각적 기준점이 필요하지만, 획일화된 외관의 아파트는 이런 요소가 부족해 방향 감각에 혼란을 주고 불안을 악화시킨다.

아파트의 주동 출입구 또한 노인에게 혼란을 초래하는 주요 원인이다. 동일한 디자인의 출입구가 여러 동에 반복적으로 배치되어, 시력과 기억력이 저하된 노인은 자신이 사는 동의 출입구를 구분하는 데 어려움을 겪는다. 주동 출입구를 혼동해 다른 동으로 잘못 들어가거나, 출입구를 찾지 못하는 경우가 빈번하다. 특히 처음 방문하거나 이사한 지 얼마 되지 않은 아파트에서 노인은 더욱 혼란스러워한다. 시각적 단서는 노인이 공간을 인지하고 방향을 찾는 데 중요한 역할을 한다. 그러나 아파트 단지에는 시각적 단서가 충분하지 않아, 노인은 종종 외출 중 방향을 잃게 된다.

이러한 방향 혼란은 외출을 꺼리게 만들어 신체적 활동 감소와 건강 악화를 초래할 뿐만 아니라, 정서적 안정에도 부정적인 영향을 미친다. 결과적으로 사회적 고립을 심화시킬 수 있다.

노인이 집으로 돌아갈 때 쉽게 자신의 집을 식별할 수 있는 명확한 장치가 필요하다. 건물에 차별성을 더하거나 출입구에 안내판, 색상 등의 시각적 요소를 추가하여 자신의 위치를 쉽게 파악하고 길을 찾을 수 있도록 돕는 것이 중요하다. 이를 통해 고령자들이 일상적인 활동을 자립적으로 이어갈 수 있을 것이다.

보행을 가로막는 장애물들

노인은 신체적 노화로 작은 장애물에도 쉽게 넘어질 위험이 있다. 젊은 사람에게는 사소하게 느껴지는 3cm 정도의 작은 턱조차도 균형 감각이 저하된 노인에게는 걸림돌이 되어 넘어지기도 하니까. 이 정도 높이는 휠체어를 사용하는 노인에게도 넘어가기 어려운 장벽이다. 넘어지게 되면 고관절 골절 같은 심각한 부상으로 이어질 수 있고, 이는 회복이 어려워 장기적인 재활이 필요하다. 결국 노인은 외출을 꺼리게 되고 자립 능력까지 저하될 위험이 있다.

아파트 단지 내 보행로가 끊겨 연결되지 않거나 파손되어 안전성

"획일적인 아파트 단지,
노인들에게는 혼란의 시작이다."

이 떨어지면, 노인은 가까운 거리라도 마음 놓고 이동하기가 어려워진다. 많은 노인이 멀리 가지 않고 단지 내에서 가볍게 산책하거나 가게에 가기 위해 이동하길 원하지만, 보행로가 주동과 연결되지 않거나 순환되는 산책로가 없으면 이동에 큰 제약을 받는다.

보행로가 연결되어 있어도 보행로와 도로의 경계가 명확하지 않으면 쉽게 혼란을 느낀다. 노인은 경계선을 인지하기 어려워 작은 턱이나 경계를 넘어가다가 넘어질 가능성이 높다. 보행로 경계선의 색상이 주변과 구분되지 않으면 이를 인지하지 못해 사고 위험에 노출될 수 있다. 이러한 작은 장애물은 신체적 부담뿐만 아니라 심리적 불안까지 유발한다.

노인에게 넘어짐은 사고에서 끝나는 문제가 아니다. 오랜 재활과 관리가 필요한 고관절 골절이나 다른 심각한 부상으로 이어질 수 있어, 넘어질까 봐 외출을 점점 기피하게 된다. 이는 신체 활동 부족과 함께 사회 활동 감소로 이어지며, 결국 노인의 건강 악화와 사회적 고립으로 이어진다. 노인들이 안전하게 보행할 수 있는 환경을 조성하는 것은 반드시 지켜야 할 기본이다.

밤길이 두려운 이유는 따로 있다

노인들에게 외출은 건강을 유지하고 사회적 교류를 이어가는 데 매우 중요한 활동이다. 하지만 길을 잃을지도 모른다는 두려움은 외출을 망설이게 만드는 요인 중 하나다. 이는 거리에서 길을 찾는 데 도움을 주는 안내 표지판이 충분하지 않거나 조명이 부족하기 때문이다.

특히 낯선 장소에서는 이러한 문제가 더욱 두드러진다. 안내 표지판이 충분하지 않거나 불명확하면 노인들의 불안감은 더욱 커진다. 예를 들어, 아파트 단지 내의 안내 표지판은 글씨가 작고, 정보가 과도하게 많으며 색상 대비가 부족해 노인들이 쉽게 인식하지 못하는 경우가 많다. 작은 글씨와 흐릿한 색상의 표지판은 노인들에게는 사실상 장애물과도 같으며, 글씨와 배경의 색상이 혼합되어 보일 경우 표지판의 정보를 해독하기가 더 어렵다. 이러한 문제는 밝은 햇빛 아래나 어두운 환경에서는 더욱 심화되어 표지판을 알아보는 것이 힘들어지고 노인들은 방향을 쉽게 잃는다.

단지 배치도는 주민들에게는 익숙해서 볼 일이 거의 없지만, 아파트를 처음 방문하는 방문객에게는 가장 먼저 마주하는 중요한 안내물이다. 그런데 안내판의 단지 배치와 실제의 단지 배치가 방향이 일치하지 않으면 전문가조차 알아보기 힘들다.

또한, 안내 표지판에 적힌 복잡한 내용이나 부정확한 화살표는 혼란을 더욱 키운다. 노인은 정보를 처리하고 기억하는 속도가 젊은 사람에 비해 느리기 때문에, 지나치게 복잡한 표지판은 큰 부담으로 작용한다. 안내판에 내용이 많아지면 당연히 글씨가 작아질 수밖에 없다. 이렇게 불친절한 안내 체계는 노인들에게 심리적 불안감을 유발한다.

밤에는 주변 조명도 부족한 데다 안내 표지판과 주동 출입구 사인에도 조명이 전혀 없기 때문에 노인은 특히 야간에 글자를 식별하기 어려워한다. 그래서 길을 찾는 데 큰 어려움을 겪으며, 야간 외출에 불안감을 느낄 수밖에 없다. 치매 환자들은 "밤이 무섭다"고 말하며 야간에는 외출은 물론이고 운동조차 기피한다.

노인은 나이가 들수록 야간 시력이 약화되고, 조명이 부족한 환경에서는 특히 어려움을 겪는다. 아파트 단지 내 보행로와 출입구에 조명이 충분히 설치되지 않으면, 노인은 보행 중 장애물을 인식하지 못하고 계단이나 경사로에서 발을 헛디뎌 낙상할 위험이 커진다. 이런 사고가 발생하면 고관절이 골절되는 등 크게 다칠 수 있고, 장기적으로 치료와 재활이 필요해 자립 생활을 어렵게 만든다.

길을 잃을지 모른다는 두려움과 어두운 환경에서 외출을 꺼리는 현상은 사회 활동과 교류가 줄어들어 자연스럽게 노인의 고립을 심화시킨다.

노인이 아파트에서 안전하게 외출할 수 있도록 내용이 명확하고 직관적으로 알아볼 수 있는 안내 표지판과 충분한 수의 조명을 설치하는 것은 필수적이다.

좌: 안전한 외출을 돕기 위해 내용이 명확하고 직관적으로 이해할 수 있는 안내판을 설치했다.
우: 야간 외출 시 노인들의 불안감을 줄이기 위해 조명 기능을 갖춘 안내판을 설치했다.

왜 나이 들면
외출이 망설여질까?

이젠 산책도 모험처럼 느껴진다

나이가 들수록 외출 시 쉽게 지치고, 짧은 거리만 걸어도 근육 피로가 누적되기 때문에 충분한 휴식이 필요하다. 하지만 많은 아파트 단지에는 기본적인 휴식 시설인 벤치조차 부족해, 노인들이 외출을 두려워하는 상황이 발생하고 있다.

연령이 높아질수록 근력과 지구력이 감소하고, 특히 하체 근육이 약해져 짧은 거리 이동 후에도 자주 쉬어야 한다. 실제로 한 어르신을 따라다니며 관찰한 결과, 이동 중 여러 번 가다 쉬고 가다 쉬기를 반복한다는 사실을 알 수 있었다. 산책뿐 아니라 일상적인 이동을 위해서라도 벤치가 꼭 필요하지만, 많은 아파트 단지의 보행로에는 벤치가 부족하거나 아예 없어 잠시라도 쉴 공산을 찾기 어렵다. 결국 화단 경계나 길가에 쪼그려 앉아 쉬는 노인들의 모습이 자주 목격된다.

규모가 큰 아파트 단지는 한쪽 끝에서 반대쪽 끝까지 500m 이상 되는 경우도 있다. 이런 거리를 생각하면 최소한 5개 정도의 벤치가 필요하지만, 현실은 그렇지 않다. 놀랍게도 주요 보행로조차 벤치가 하나도 설치되지 않은 곳도 있다. 일부 단지에서는 노인들이 안쓰러웠는지 나무 밑동을 잘라 간이 벤치를 만들어 놓기도 하지만, 그마저도 없는 곳에서는 화단 끝에 앉는 등 임시방편으로 휴식을 취하게 된다.

또한, 아파트 현관 입구에 1~2개의 의자가 놓여 있지만, 이는 원래 쉬기 위한 용도로 설치된 것이 아니라 대개 버려진 의자를 임시로 두는 경우가 많아, 제대로 된 쉼터 역할을 하지 못한다. 노인들이 데이케어센터 차량이나 단지 내 버스를 기다릴 때도 앉아 있을 장소가 없어 큰 불편을 겪는다. 차량을 기다리기 위해 조금 일찍 내려오거나 차량이 늦어지는 경우에는 10분, 20분씩 서서 기다리는 상황이 빈번히 발생한다.

왜 이렇게 벤치에 인색한지 모르겠다. 그 이유 중 하나로 벤치를 설치하면 사람들이 앉아 소란스럽게 한다는 민원이 제기되기 때문이라고 한다. 심지어, 엘리베이터 홀에 벤치를 두어 엘리베이터를 기다리는 동안 잠시 앉아 있을 수 있는 것조차 떠든다는 이유로 꺼린다.

이와 반대로 일부 단지에서는 관리사무소 직원이 직접 벤치를 제작해 설치한 사례도 있다.

벤치가 없는 것은 노인에게 신체적·심리적으로 큰 부담이 된다. 쉬어갈 곳이 없다면 피로를 우려해 외출을 꺼리게 되고, 외출 빈도가 줄어들면 신체 활동이 감소하여 근력이 약해지고, 정서적으로 위축될 수 있다. 외출은 노인에게 사회적 교류와 정서적 안정을 주는 중요한 시간이다.

노인이 집에만 머무르지 않고 세상과 소통하며 살아갈 수 있도록, 벤치와 같은 기본적인 휴식 시설은 반드시 필요하다. 벤치 하나가 그 어떤 약보다 더 큰 효과를 발휘할 수 있다.

버스를 기다리거나 잠시 쉴 수 있도록 설치된 벤치로,
관리사무소 직원이 직접 재료를 구입해 설치한 것이다. 고마운 직원의 세심한 배려가 돋보인다.

잠시라도 앉아길 곳이 필요하다

노인에게 외출은 신체적 활동과 사회적 교류를 위한 중요한 기회이다. 그러나 장시간 걷거나 서 있기가 어려운 노인은 더운 여름철이나 추운 겨울철에 외부에 머무르는 것이 부담스럽기만 하다. 그렇기 때문에 쉼터는 필수적인 공간으로, 날씨로부터 보호를 받을 뿐 아니라 이웃과 소통할 수 있는 사회적 장으로도 중요한 역할을 한다.

그러나 아파트 단지 내에는 쉼터가 부족하거나 관리가 제대로 이루어지지 않아 노인들이 쉽게 이용하지 못하는 경우가 많다. 쉼터가 충분하지 않으면 노인은 외출 중 편히 쉴 곳이 없어 장시간 이동하기 힘들며, 피로가 누적되어 외출 빈도도 줄어들게 된다. 쉼터는 휴식 공간을 넘어 노인들이 외부 활동을 지속하고 자주 나가도록 돕는 중요한 요소다. 덥거나 추운 날씨에도 부담을 덜어주고 노인의 활동성을 유지하는 데 큰 기여를 할 수 있다.

지금껏 아파트 단지 내 정자와 파고라는 그늘을 제공하며, 비나 눈이 오는 날에도 잠시 머물 수 있는 유용한 쉼터 역할을 했다. 이러한 공간은 자연스럽게 이웃과 교류할 수 있는 장소였지만, 소음 문제나 관리 비용 등의 이유로 많은 정자와 파고라가 철거되거나 관리가 소홀해진 상황이다. 쉼터가 사라지면 노인은 쉴 곳이 없어 외출을 피하게 되고, 이는 곧 신체적·정서적 혜택을 누릴 기회를 제한하는 일이다. 정자에 있던 평상도 마찬가지이다. 음주와 소음 문제로 인한 민원으로 철거된 경우가 많은데 지금은 이런 문제들이 줄어들었음에도 불구하고, 정자와 평상을 복구하지 않아 노인들이 마음 편히 이용할 수 있는 쉼터가 부족한 상황이다.

　노인들에게 쉼터는 앉아 쉴 공간 이상의 의미를 지닌다. 남성 노인들은 쉼터에서 바둑이나 장기를 즐기며 시간을 보내기도 한다. 정자 구석에 장기판이나 바둑판을 숨겨두고 사용하는 모습도 종종 볼 수 있다. 그러나 휠체어 이용자가 증가하면서 휠체어로 접근이 가능한 넓은 쉼터 공간이 없어 그나마도 갈 곳을 잃고 있다. 이러한 현실을 고려해 휠체어 이용자도 안전하고 편리하게 접근할 수 있는 쉼터 공간의 마련이 절실하다.

　여성 노인들은 다양한 장소에서 자연스럽게 모여 이야기를 나눈다. 꼭 파고라가 아니어도 함께 모여 대화하기도 하지만, 그 외에는 딱히 "할 거리가 없다"고 말한다. 주변에 운동기구나 간단히 즐길 수 있는 시설이라도 있으면 좋겠다는 의견도 자주 나온다. 하지만 현실은 볼거리도 즐길 거리도 부족하다.

　특히 영구임대아파트는 입주민의 50~65%가 노인으로 구성되어 있다. 하지만 주거 면적이 작아 생활 공간이 좁고 답답하게 느껴지기 때문에 많은 노인들이 집에 머물기보다는 하루 대부분의 시간을 외부에서 보내는 경우가 많다. 특히 여름에는 더위로 집에 머물기 어렵다고 한다. 그러나 쉼터가 부족해 외출을 포기하는 경우도 적지 않다. 쉼터는 노인이 이웃과 자연스럽게 소통하며 정서적 안정감을 찾아 고립감을 줄이는 중요한 공간이다. 쉼터에서 이루어지는 소소한 교류는 노인들에게 외출의 즐거움을 더하고, 사회적 참여를 촉진하는 역할을 한다. 쉼터는 노인들에게 단순한 공간이 아닌, 작은 사회다.

있는데 왜 불편할까? 벤치의 현실

벤치가 설치되어 있다고 해서 반드시 노인에게 적합한 휴식 공간이 되는 것은 아니다. 벤치의 디자인과 위치가 노인의 신체적 특성을 고려하지 않았다면, 오히려 이용하기 어려운 공간이 된다. 노인의 편의를 고려하지 않은 벤치는 결국 외면받기 일쑤다.

노인들은 신체 기능이 저하되어 앉고 일어서는 동작에서 어려움을 겪는 경우가 많다. 이때 팔걸이와 등받이는 큰 도움이 되지만, 실제로는 대부분 평벤치가 설치되어 있어 노인들에게 불편함을 가중시킨다. 벤치는 팔걸이와 등받이가 없거나, 등받이가 수직으로 설계되어 있어 노인들에게 적합하지 않다. 팔걸이가 없으면 앉고 일어설 때 더 큰 부담이 생기고, 등받이가 없는 벤치는 몸을 기댈 수 없어 장시간 앉아 있기에 불편하다.

특히 벤치의 높이가 낮을 경우, 근력이 약한 노인들은 앉고 일어서는 동작이 더욱 어려워져 벤치 사용 자체를 꺼리게 된다.

벤치의 위치도 중요한데, 많은 벤치가 그늘이 없는 곳에 설치되어 여름철 강한 햇볕에 그대로 노출된다. 이런 환경은 열사병이나 탈수에 취약한 노인에게 오히려 건강을 위협하게 된다.

겨울철에는 바람을 막아줄 시설이 없어 차가운 바람에 그대로 노출되는 벤치는 사용하기 어려워진다. 특히 돌로 만든 벤치는 겨울에는 지나치게 차갑고 여름에는 뜨겁게 달궈져 앉기에 불편하다. 이는 노인뿐만 아니라 누구에게나 해당되는 문제다.

반면 목재는 온도 변화에 덜 민감해 벤치 재료로 더 적합하며, 그늘이 있는 위치에 설치하는 것이 이상적이다. 그러나 목재 벤치를 꺼리는 이유를 물어보니, 유지관리가 어렵다는 답변이 돌아왔다. 정작 사람들이 사용하지 않으니 관리도 소홀해지고, 쓸모없는 공간으로 방치되는 것이다. 결국 벤치가 설치되어 있어도 실질적으로 노인에게 도움이 되지 않는 경우가 많다. 인체공학적으로 설계되지 않았거나 환경적 요인을 반영하지 않은 벤치는 오히려 노인이 사용하기 어려운 시설이 되어 버린다. 불편한 벤치는 사용하지 않게 되고 외출 중 피로가 누적되어 외출 자체를 꺼리게 되는 결과를 낳는다. 따라서 벤치를 설치하는 것만으로는 충분하지 않다. 노인이 실제로 편리하게 사용할 수 있도록 설계하고 환경적 요소를 고려하여 설치하는 것이 중요하다.

벤치는 조망이 좋은 위치나 볼거리, 즐길 거리가 있는 곳에 설치하는 것이 바람직하다. 특히 여성 노인들은 모여 대화 나누기를 좋아하지만, 일렬로 배치된 벤치에서는 모두가 한 방향을 바라보고 있어 대화를 나누기 어렵다. 또한, ㅁ자 형태의 폐쇄적인 벤치는 출입이 불편할 뿐만 아니라, 앉는 사람들이 등을 대고 있어 소통이 힘들다. 더불어 이러한 구조는 휠체어 사용자가 접근하기 어렵다는 문제도 있다.

벤치의 방향과 배치를 조정해 서로 마주 볼 수 있는 구조로 설계하는 것이 바람직하다. 1인용, 2인용 등 다양한 형태로 '따로 또 함께' 있을 수 있는 벤치를 배치하는 것도 필요하다.

벤치를 설치하는 것만으로는 충분하지 않다. 노인이 사용하기 불편하다면 의미가 없다. 아무리 멋진 디자인의 벤치도 사용하는 사람에게 맞지 않으면 '그림의 떡'에 불과하다.

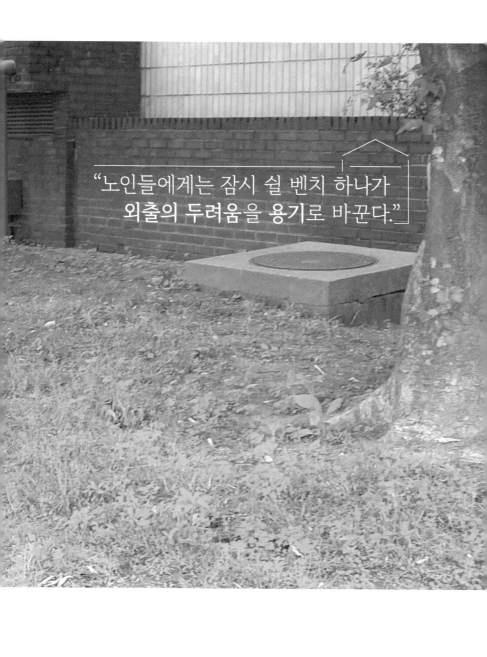

"노인들에게는 잠시 쉴 벤치 하나가
외출의 두려움을 용기로 바꾼다."

놀이터,
왜 노인들에겐 없는 걸까?

어린이부터 할머니까지, 다 같이 놀자

규칙적인 운동은 노인의 신체적·정신적 건강 유지에 필수적이지만, 아파트 단지 내에는 노인이 운동할 수 있는 적절한 공간이 부족한 실정이다. 대부분의 운동 시설은 어린이나 젊은 층에 맞춰져 있어 노인이 사용하기에 불편하다. 이는 주민들의 연령층과 활동 특성을 고려하지 않은 설계로, 시설을 이용하는 연령대의 비율이 심각한 불균형을 이루고 있다.

특히 영구임대아파트의 경우 노인 거주자가 많은데도, 복지시설을 이용하지 못하는 노인이 약 55%에 달한다. 이들 중에는 외출을 거의 하지 않는 '은둔형 노인'이 많으며, 외출을 하더라도 마땅히 갈 곳

　　　　　　　　　　　　　　나이 들어 어디서 살 것인가

이 없어 단지 내를 배회하거나 실가와 놀이터에 머무르는 경우가 많다. **아파트 단지에는 어린이 놀이터가 필수적으로 설치되지만, 실제 이를 이용하는 어린이는 점점 줄어들고 있다.**

반면, 늘어나는 노인의 수에 비해 노인이 운동할 수 있는 전용 공간은 거의 없다. 그 결과 노인들은 벤치에 앉아 멍하니 시간을 보내거나 소극적으로 여가 시간을 보내는 경우가 잦다.

일반적으로 아파트 단지에는 어린이 놀이터가 5~6개 정도 설치되지만, 노인을 위한 운동 공간이나 '노인 놀이터'는 찾아보기 어렵다. 최근 몇 년간 일반 아파트에는 반려동물을 위한 '펫 놀이터'가 증가해 반려인을 위한 여가 공간도 마련되고 있지만, 정작 노인 인구가 많은 아파트에는 노인을 위한 공간이 마련되지 않는 상황이다. 일부 아파트 단지에서는 노인 인구가 입주민의 50% 이상을 차지하기도 하지만 어린이 놀이터는 여러 곳에 설치된 반면, 노인들은 운동과 신체 활동을 위한 공간이 부족해 건강 유지를 위한 활동을 포기하는 상황에 이르렀다.

〈주택건설기준 등에 관한 규정〉에 따르면 일정 규모 이상의 공동주택에는 어린이 놀이터 설치가 의무화되어 있으며, 150세대 이상의 단지에는 어린이 놀이터의 설치가 필수다. 세대 수에 따라 설치 개수와 면적도 조정된다. 그러나 노인이 많은 단지에서도 어린이 놀이터 설치는 의무인 반면, 노인을 위한 운동 공간이나 쉼터 설치에 대한 의무 규정은 없다. 이 때문에 노인이 필요로 하는 운동 공간을 확보하기가 어렵다.

많은 아파트 단지가 어린이 놀이터와 젊은 층을 위한 운동 공간을 쉽게 마련하는 반면, 노인 운동의 필요성은 거의 반영하지 않는다. 이 같은 운동 공간의 공급 불균형은 아파트 단지 설계가 실제 거주민의 연령과 요구를 충분히 반영하지 못한 결과다.

노인 인구가 점차 증가하는 상황에서, 노인이 건강을 유지하고 사회와 교류할 수 있도록 이들을 위한 운동 공간 확보는 필수이다.

여유롭게, 한 발짝 더 넓혀라

규칙적인 신체 활동은 노인의 근력, 유연성, 균형 감각을 유지하는 데 매우 중요하다. 운동은 심혈관 건강을 향상하고, 근력 저하와 낙상 위험을 줄여 노인의 삶의 질을 높인다. 그러나 아파트 단지 내에는 노인이 안전하게 운동할 수 있는 공간이 턱없이 부족하다.

어린이나 청년을 위한 공간은 쉽게 찾아볼 수 있지만, 노인을 위한 운동 공간은 거의 없다. 이렇기 때문에 노인은 운동 기회를 잃고 건강이 나빠질 수밖에 없다. 운동할 공간이 마련되지 않은 현실은 노인의 신체적·정신적 건강에 부정적인 영향을 미친다.

사실 넓은 공간이 필요한 것도 아니다. 아파트 내 자투리 공간이나 유휴 부지를 활용해 작은 운동 공간을 충분히 조성할 수 있다. 그러나 많은 아파트 단지에서는 이러한 노력이 거의 이루어지지 않고 있다. 방치된 씨름장이나 관리되지 않은 작은 공간들이 오염된 채 남아 있는 경우도 많아, 이를 활용하지 못하는 현실이 안타깝다.

또한, 운동 공간과 휴식 공간을 철저히 구분해 휴식은 휴식만, 운동은 운동만을 위한 장소로 나누고 있는 경우가 많다. 하지만 간단한 운동기구를 휴식 공간 근처에 추가하는 것만으로도 노인들이 편하게 운동할 수 있는 환경을 만들 수 있다. 하루 종일 쉼터에 나와 있는 노인들이 산책하다가 가볍게 운동도 할 수 있다면 일석이조일 텐데, 이런 배려가 전혀 없다. 어린이 놀이터에도 놀이 기구 외에 조부모와 손주가 함께 이용할 간단한 운동기구를 추가한다면, 세대 간 교류와 활동의 장으로도 활용할 수 있다.

설령 노인을 위한 운동 공간이 마련되더라도, 운동기구와 활동 방식의 다양성이 부족해 노인들이 꾸준히 운동하기 어려운 경우가 많다. 스트레칭, 상체, 하체, 두뇌 등 신체의 다양한 부위를 강화할 수 있는 기구가 부족하거나, 노인의 신체 특성에 맞춰 난이도를 상·중·하로 조절할 수 있는 설계가 이루어지지 않고 있다. 대신 모두에게 동일한 형태의 운동기구만 제공되다 보니, 이런 단조로움은 노인들이 지속적으로 건강을 유지하고 신체 활동을 이어가는 데 큰 장벽이 된다.

노인들이 안전하게 운동할 수 있는 환경을 조성하고, 다양한 운동기구와 공간을 확보하는 것은 편의 제공뿐 아니라, 노인의 건강과 삶의 질을 높이는 데 필수적인 요소다.

노인에게는 맞지 않는 운동기구

아파트 단지에 설치된 운동기구들은 주로 젊은 사람의 신체 능력에 맞춰 설계되어, 노인에게는 적합하지 않은 경우가 많다. 이로 인해 노인은 부상의 위험이 커져 운동기구 사용을 주저하게 된다. 이러한 한계는 노인의 신체 활동을 제한하고, 결국 운동 기회를 잃게 만드는 원인이 된다.

아파트 단지에 다양한 운동기구가 설치되어 있지만, 실제로 노인이 안전하게 사용하기에는 부적합한 경우가 많다. 많은 기구가 근력 강화와 심혈관 건강을 목표로 설계되었지만, 주로 젊은 층의 체력과 신체 능력을 기준으로 만들어져 고강도 운동이나 빠른 동작을 요구하는 시설이 주를 이루고 있다. 이러한 기구들은 신체 기능이 약화된 노인들에게 위험할 수 있다.

예를 들어, 다리를 넓게 벌리거나 높은 안장에 올라타야 하는 기구는 젊은 사람에게는 유용할지 모르지만, 균형 감각이 떨어지고 관절이 약해진 노인에게는 부상 위험을 높인다. 이러한 고강도 운동기구는 노인에게 두려움을 불러일으켜 결국 운동을 기피하게 만든다.

노인에게는 저강도 운동, 저충격 운동, 천천히 할 수 있는 운동이 적합하다. 팔과 허리, 다리를 부드럽게 움직일 수 있는 저강도 기구가 적절하다. 팔 돌리기, 허리 돌리기 등 노인이 안전하게 사용할 수 있는 기구들은 근력과 유연성을 유지하면서 부상 위험을 줄여준다. 게다가 스트레칭, 기본 근력 운동, 두뇌와 눈 운동을 위한 기구는 거의 없다. 조용히 산책하면서 스트레칭을 할 수 있는 공간이나 가벼운 운동을 위한 장비를 갖춘 공간이 필요한데, 많은 아파트 단지는 이러한 다양성을 제공하지 못한다.

특히 휠체어를 사용하는 노인을 위한 전용 운동기구는 더욱 찾아보기 어렵다. 평행봉 같은 재활 운동기구가 있다면 휠체어 사용자도 건강을 증진하고 일상생활의 편의를 개선할 수 있을 것이다. 휠체어 사용자도 건강을 유지하고 신체 기능을 강화할 권리가 있지만, 이들을 위한 기구는 거의 마련되지 않아 운동 기회를 박탈당하고 있다.

다양한 신체 조건을 고려한 운동기구는 필수로 마련되어야 하며, 휠체어 사용자가 접근할 수 있는 운동 환경도 필요하다. 노인의 신체적 특성과 안전을 고려한 맞춤형 운동기구와 공간을 갖추는 것은 인간의 건강과 삶의 질을 향상하기 위한 가장 기본적인 조건이다.

왜 나이 들수록
흰 꽃이 싫어질까?

흰 꽃이 피면 마치 장례식장 같아

4월의 어느 날, 아파트 단지 곳곳에 만발한 꽃들 사이로 어르신들이 모여 있는 곳을 찾았다. 인터뷰 중 "아파트 외부 공간에서 불편한 것이 있으세요?"라고 묻자, 한 어르신이 "아파트에 흰 꽃이 필 때가 제일 싫어"라고 말씀하셨다. "왜요?"라고 되묻자, 그 어르신은 "꼭 장례식장 같아서!"라고 답했다.

노인들이 흰 꽃을 불편해한다는 사실은 젊은 세대에게는 다소 의외로 느껴질 수 있다. 이는 조경 전문가조차 쉽게 알지 못하는 부분이다. 많은 사람은 봄의 꽃을 생동감과 아름다움의 상징으로 여기며, 흰 꽃도 자연의 한 부분으로 받아들인다.

그러나 노인에게 흰 꽃은 죽음과 이별을 떠올리게 하는 불편한 존재일 수 있다. 아파트 단지에 핀 흰 꽃을 보며 장례식장을 떠올린다는 어르신의 반응을 통해, 그들이 살아온 세월과 경험이 깃든 깊은 감정을 엿볼 수 있었다.

봄이 되면 목련을 비롯한 다양한 흰 꽃들이 피어난다. 목련의 커다란 흰 꽃잎이 가장 먼저 봄을 알리고, 조팝나무, 철쭉, 이팝나무, 산딸나무 등이 뒤따라 꽃을 피운다. 나무를 뒤덮은 흰 꽃이 가득한 장관은 젊은 세대에게는 화사하고 아름다운 풍경이겠지만, 노인에게는 전혀 다른 감정을 불러일으킨다. 흰 꽃은 그들에게 죽음과 이별을 상징하며, 인생의 마지막 여정을 떠올리게 할 수 있음을 알게된 것이다.

특히 겨울 동안 집에 머물다가 봄에 처음 외출했을 때 흰 꽃으로 가득 찬 풍경을 마주하면, 젊은이에게는 계절의 시작을 의미하지만 노인에게는 무거운 감정을 일으킬 수 있다. 흰 꽃들은 장례식장의 장식처럼 느껴져 불안과 고독감을 자아내기 때문이다. 흰 꽃이 젊은 세대에게는 생명과 활력을 상징하는 것과 달리, 노인에게는 이별과 삶의 끝을 상기시키는 존재가 된다.

노인의 이러한 감정은 물어보지 않았다면 몰랐을 것이다. 흰 꽃은 단순히 아름다운 꽃이 아니라, 노인들에게는 그들이 살아온 인생의 무게와 경험을 떠올리게 하는 상징이기도 하다.

노인이 흰 꽃을 보며 느끼는 감정은 오랜 세월 동안 문화와 전통 속에서 형성된 상징적 의미와 깊이 연결되어 있다. 한국 전통에서 흰

색은 죽음과 긴밀히 연관된다. 장례식장은 국화나 백합 같은 흰 꽃들로 장식되고 유가족은 흰색 상복을 입는다. 이러한 전통이 세대를 거치며 더욱 깊이 각인되었고, 노인에게 흰색은 죽음을 상징하는 색으로 강하게 인식되고 있다.

흰 국화는 고인의 명복을 기원하며 장례식에서 흔히 볼 수 있는 꽃이다. 노인들은 오랜 세월 동안 많은 장례식장에서 흰 국화를 접해왔고, 이 경험은 무의식 속에 깊이 새겨져 있다. 흰 국화가 장례식장에서 자주 사용되는 이유는 순수함과 깨끗함을 나타낼 뿐 아니라, 이 세상을 떠난 이들의 마지막 여정을 기리는 상징물로 자리 잡았기 때문이다.

아파트 단지에서 피어나는 흰 꽃을 보며 죽음을 떠올리는 또 다른 이유는 노인이 자신이 삶의 끝자락에 서 있다는 감정을 느끼기 때문이다. 봄철에 무리 지어 피어나는 흰 꽃은 젊은 세대에게는 새로운 생명을 의미하지만, 노인에게는 삶의 끝을 상기시키는 의미로 다가올 수 있다. 장례식장의 차가운 분위기와 흰 꽃의 이미지는 자연스럽게 겹쳐지면서, 만개한 흰 꽃은 노인에게 강렬한 심리적 반응을 일으키며, 그들이 겪어온 상실의 순간들을 다시 떠올리게 한다.

겨울 동안 흰 눈으로 덮였던 세상이 봄이 되어 흰 꽃으로 가득 차는 모습은 노인에게 또 다른 상징으로 다가온다. 연속된 흰색의 경험은 끝없는 죽음의 행렬처럼 느껴져, 감정적으로 깊은 불편함을 불러일으킨다. 나이가 들수록 노인들은 주변에서 죽음을 더 자주 마주하게 되고, 그로 인한 심리적 부담이 커진다. 이러한 경험 속에서 흰 꽃은 그서 아름다운 꽃이 아닌, 고독감과 우울감을 자아내는 존재가 된다.

이러한 감정적 배경을 이해함으로써 우리는 그들의 마음에 더 깊이 공감할 수 있다. 노인들에게 흰 꽃은 자연의 일부가 아니라, 그들이 살아온 세월과 그동안 겪어온 상실의 아픔을 상기시키는 강렬한 상징이 된다.

꽃이라고 해서 모두가 좋아하는 것은 아닌 듯하다. 적어도 그들에게 흰 꽃은 더 이상 생명과 활력의 상징이 아니라 지난 세월의 슬픔과 이별을 상기시키는 특별한 존재로 느껴지는 것이 분명하다.

"흰 꽃은 누군가에게는 **봄의 시작**이지만,
또 다른 누군가에게는 **슬픔과 이별**을
상기시키는 존재가 되기도 한다."

알록달록 밝은 꽃을 바란다

노인들은 밝고 생기 있는 꽃을 선호한다. 한 복지관에서 꽃을 심기 위해 노인들에게 조사를 진행한 결과, 다양한 의견이 쏟아졌다. "나는 활짝 피는 꽃들이 좋아요", "샐비어는 오래가서 좋아요", "허브는 향기가 나서 좋아요", "아프리카 나팔꽃은 작고 예뻐요", "코스모스는 바람에 하늘하늘하는 게 참 예쁘죠", "재스민은 조화처럼 생긴 게 예쁘네요", "동백꽃은 겨울에도 피어 있어서 좋아요" 등 다양한 반응이 이어졌다.

선호도 조사 결과, 장미가 가장 많은 표를 받았으며, 그 다음으로 동백꽃, 도라지꽃, 수국, 국화, 채송화, 라벤더 순으로 나타났다. 흰 꽃은 하나도 포함되지 않았으며, 다른 아파트 단지에서도 "장미를 꼭 심어달라"는 의견이 많았다.

빨강, 노랑, 분홍과 같은 화사한 색상의 꽃은 생명력과 희망을 상징하며, 노인에게 심리적 안정감과 긍정적인 감정을 불러일으킨다. 나이가 들수록 노인은 삶 속에서 죽음을 더 자주 마주하게 되고, 그로 인해 생명력 넘치는 요소들에 더욱 끌리게 된다. 화사한 색상은 그들에게 살아있는 기쁨과 활기를 선사한다.

젊을 때는 삶의 의지가 자연스럽게 주어지지만, 나이가 들면서 죽음이 현실로 다가오게 되고 노인은 삶의 끝을 점차적으로 자각하게 된다. 이에 따라 흰 꽃보다는 밝고 생동감 넘치는 색상으로 주변을 꾸미고자 하는 내면의 욕구가 커진다. 이러한 색상의 꽃들은 죽음보다 삶을 강조하며, 노인에게 긍정과 희망을 상기시키는 상징으로 자리 잡는다. 특히 빨강, 노랑, 분홍 같은 색상은 삶의 생명력을 나타내며, 자신의 삶을 더 긍정적으로 바라볼 수 있도록 돕는다.

흰 꽃 대신 화사하고 생기 있는 꽃으로 주변을 꾸미고자 하는 바람은 미적 취향을 넘어, 삶의 긍정적인 면을 강조하고 활력을 유지하고자 하는 마음에서 비롯된다. 이렇듯 화려한 색상의 꽃은 노인에게 정서적 안정과 활기를 제공하는 중요한 요소다.

이러한 색채 선호는 겨울이 긴 지역에서도 공통적으로 나타난다. 일본 '시라카와 마을白川郷'과 영화 〈설국〉의 배경이 된 '에치고 유자와越後湯沢' 지역에서는 긴 겨울이 지나면 집 앞에 빨강과 노랑 같은 알록달록한 꽃을 심는다. 겨우내 흰 눈에 둘러싸여 살던 스위스 사람들 또한 봄이 오면 형형색색의 꽃을 심으며, 겨울의 단조로운 흰색에서 벗어나 생명력 넘치는 색을 갈망한다. 베란다와 정원에는 빨강, 주황, 노랑, 보라 등 다채로운 색의 꽃이 가득 피어, 차갑고 고요했던 겨울을 마무리하고 봄을 맞이한다.

노인의 물건에는 유난히 꽃무늬가 자주 보인다. 꽃무늬 바지, 카디건, 덧신, 신발, 양산, 백팩, 실버카, 지팡이까지. 노인들이 꽃무늬를 좋아하는 이유가 이제 이해된다. 생동감 있는 꽃무늬는 그들에게 생명의 기쁨을 떠올리게 하며, 하루하루를 좀 더 밝고 활기차게 느낄 수 있도록 돕기 때문이다.

노인들의 기억을 깨우는 아파트

노인에게는 다양한 색상, 냄새, 촉감, 소리, 맛을 제공하는 식물이 필요하다. 계절에 따라 변하는 자연의 모습에 오감을 자극받으며 삶의 활력을 얻으므로 자연과 소통할 수 있는 환경 조성이 중요하다. 오감을 자극하는 다양한 식물을 보기 위해 노인들이 외출을 즐기고 정서적 안정을 찾을 수 있는 환경이 마련될 때, 그들의 신체적·정서적 건강과 삶의 질이 향상될 것이다.

노인들에게는 과거를 회상하며 인지적 자극을 받을 수 있는 환경이 중요하다. 기억을 되살리고 추억을 떠올릴 수 있는 공간은 인지 기능을 유지하고 치매 예방에도 효과적이다. 그러나 아파트 단지 내에는 이러한 인지 자극 요소가 매우 부족하다. 아니, 거의 없다고 해도 과언이 아니다. 예전에는 작은 정자나 휴식 공간에서 노인들이 모여 대화를 나누고 과거의 경험을 공유하곤 했지만, 현재는 대부분의 단지에서 이러한 공간을 거의 찾아보기 어렵다.

그저 노인들은 성별에 따라 모이고 매일 같은 이야기를 반복하기에 대화에 활기가 없다. 그러다 보면 자연스럽게 자극이 부족해지고 대화의 소재도 고갈된다. 이들이 대화에 흥미를 느낄 수 있도록 기폭제 역할을 할 요소나 사회자 같은 사람이 필요하지만, 현실에서는 아무런 지원도 없다. 결국 매일 반복되는 이야기가 이어진다.

노인은 나이가 들수록 과거의 추억을 회상하며 정서적 안정감을 얻지만 아파트 단지의 단조로운 외부 디자인은 이러한 회상의 기회를 제공하지 못한다. 만약 농촌 풍경이나 옛 모습을 담은 벽화 같은 것이 있다면, 이를 보며 자신의 과거를 떠올리고 자연스럽게 대화를 나눌 기회를 가질 수도 있을 것이다.

그러나 현재는 기능적인 디자인에만 치중한 나머지 이러한 요소가 거의 없어 인지적 자극이 부족하다. 이는 치매와 같은 인지 기능 저하를 가속화할 위험이 크다.

또한, 바둑이나 장기 같은 전통 놀이를 즐길 수 있는 공간 부족도 문제다. 노인은 과거에 즐기던 놀이를 통해 사회적으로 교류하고 기억을 되살릴 수 있으며, 이는 인지적 자극을 제공하는 동시에 과거 경험을 자연스럽게 회상하게 돕는다.

하지만 이러한 놀이 공간이 마련되지 않으면 노인은 외출을 꺼리고 고립되기 쉬우며, 정신적 건강에도 부정적인 영향을 받는다. 특히 남성 노인의 경우 이러한 놀이 활동의 부재가 더 큰 영향을 미칠 수 있다. 투호나 윷놀이 같은 전통적인 활동을 위한 공간도 도움이 된다. 노인에게 익숙한 이러한 활동은 추억을 떠올리며 인지적으로 자극하고, 신체와 감각을 사용하게 해 인지 기능 유지에 긍정적인 영향을 끼친다.

그러나 아파트 단지에는 이러한 전통적 요소가 배제되어 있어, 노인들이 익숙하게 즐겨온 활동을 즐기며 자극을 받을 기회가 부족하다. 과거의 기억을 되살리는 환경을 조성하는 것은 노인의 인지건강에 큰 영향을 미친다. 추억을 떠올리며 즐길 수 있는 공간과 활동이 마련되면, 노인이 사회적 교류를 통해 정신적 안정감을 찾고 인지 기능을 유지할 수 있다.

시간도 계절도 모른다

정서적 자극은 노인을 심리적으로 안정시키고 다양한 감정을 일으켜 삶을 풍요롭게 하지만 아파트 단지의 외부 공간은 이러한 자극을 받을 수 있는 요소가 거의 없다. 노인이 정서적으로 위축되고 심리적 안정감을 찾기 어려운 환경이다.

노인이 앉아 쉬는 벤치 주변에는 정서적 자극을 받을 수 있는 볼거리나 즐길 거리가 매우 제한적이다. 대부분 단조로운 조경과 삭막한 벽으로 둘러싸여 있으며, 주차장을 바라보고 있기도 하다.

벽화나 예술 작품이 있는 공간은 노인들이 자연스럽게 시각적 자극을 받으며 대화를 나눌 수 있도록 돕지만, 그런 공간이 거의 없는 단조로운 환경에서는 정서적 교감이 이루어지기 어렵다. 일부 고급 아파트에서는 예술품을 설치하기도 하지만, 임대 아파트에서는 이러한 요소가 부족해 노인들이 정서적 풍요를 경험하기 어렵다.

노인에게 심리적 안정감을 제공할 수 있는 물소리나 새소리와 같은 자연의 청각적 자극 또한 부족하다. 분수나 작은 연못에서 들려오는 물소리는 노인에게 안정감을 줄 수 있지만, 관리 비용이 많이 들거나 유지관리가 어렵다는 이유로 많은 단지에서 이러한 시설을 설치하지 않고 기피한다. 물소리나 새소리가 어렵다면, 간단한 새장이나 인공 소리 장치를 통해 청각과 시각을 동시에 자극할 수 있는 공간을 제공하는 것도 하나의 대안이 될 수 있다. 하지만 현실에는 아무것도 없다.

시간과 계절의 변화를 체감할 수 있는 환경이 부족한 점도 큰 문제다. 봄의 벚꽃, 여름의 수국, 가을의 단풍과 같이 계절에 따라 변하는 식물을 식재하지 않으면, 노인은 일상에서 자연의 변화를 느끼거나 계절감 있는 정서적 자극을 경험하지 못한다. 일상 속에서의 변화를 감지하지 못하는 노인은 마음이 빈곤하고 불안정해질 수 있다.

일부 단지에서는 텃밭을 조성해 노인들이 작물을 재배하며 자연과 교감할 기회를 제공하기도 하지만, 이 또한 한정된 인원만 이용할 수 있을 뿐이다. 또한 겨울철 텃밭은 오히려 황량하기만 하고, 비료 냄새와 같은 불만을 유발하기도 한다.

노인들이 자연과 교감하며 감각과 정서를 자극받을 기회를 잃으면, 정서적·심리적 안정감이 저해될 수 있다. 계절을 느낄 수 있는 식물, 자연의 소리를 통한 청각적 자극, 예술 작품을 통한 시각적 자극 등을 활용해, 노인들이 일상 속에서 정서적으로 교감하고 안정감을 찾을 수 있는 공간 조성이 절실하다.

노인복지시설이
왜 오히려 불편할까?

나이 드는 게 죄인가요?

노인시설의 필요성은 점점 커지고 있지만, 노인시설에 대한 인식은 여전히 부정적이다. 최근 서울 여의도 시범아파트 재건축 과정에서 서울시가 용적률 400%와 최고 층수 65층이라는 혜택을 제공하는 대신, 노인 주간보호시설인 데이케어센터를 공공기여 시설로 설치할 것을 요구하자, 아파트 주민들은 이를 반대하며 현수막을 내걸었다. 이러한 반발은 노인에 대한 사회적 편견과 혐오를 여실히 드러내는 사례다.

우리 사회는 오랜 시간 동안 노인에 대해 부정적인 인식을 형성해 왔다. 노화는 자연스러운 과정임에도 불구하고, 노인을 무능력하고 생산성이 떨어지는 존재로 여기는 시각이 뿌리 깊다. 이런 인식은 노인복지시설을 노인들을 '수용'하는 장소로 보고, 불편하거나 불쾌한 곳으로 바라보게 만든다.

특히 치매 환자를 돌보는 요양시설에 대한 반감은 더욱 크다. 치매는 나이가 들면서 자연스럽게 발생할 수 있음에도 불구하고, 이를 두려운 질병으로 바라보는 경향이 강하다. 이에 따라 치매 환자가 주거 지역에 들어오면 안전을 위협받을 것이라는 잘못된 믿음도 팽배해 있다.

노인복지시설이 주거 지역에 들어서면 주민들의 삶이 불편해지고 집값이 하락할 것이라는 우려도 있다. 아파트 단지에 요양시설이 입주하면 치매 환자와 휠체어를 탄 노인들이 자주 보이게 되어, 아파트의 이미지에 부정적인 영향을 미칠 것이라는 인식에서 비롯된다.

실제로, 한 아파트 상가에서는 "노인 요양시설이 입주하면 치매 노인과 휠체어 탄 노인들의 이동으로 인해 재산 가치가 하락하고 삶의 질이 저하될 것"이라는 이유로 입주를 결사반대하기로 가결했다는 공고문을 게시하기도 했다. 이러한 사례는 노인을 사회적 부담으로 바라보는 시각에서 비롯된 것이다. 노인은 더 이상 사회에 기여하지 못하며, 경제적 생산성이 떨어진다는 고정관념이 깊이 자리 잡고 있기 때문이다. 이러한 이유로, 장애인이나 노인을 위한 시설은 종종 반발을 피하기 위해 도심에서 멀리 떨어진 외곽에 세워지는 경우가 많다.

그러나 복지시설은 이동이 불편한 장애인이나 노인을 배려해 도심에 있는 것이 현실적으로 더 적합하다. 거주지 근처에 노인복지시설이 위치한다면, 노인들이 대중교통을 이용하거나 별도의 보조 없이도 쉽게 이동할 수 있을 것이다.

온라인에서도 노인 혐오가 노골적으로 드러난다. 연구에 따르면 '노인네', '틀딱', '꼰대', '늙은이'와 같은 혐오 표현이 자주 사용된다. 이러한 언어는 노인들에게 큰 상처를 줄 뿐만 아니라, 혐오의 시선에서 벗어나기 위해 그들 스스로 자신만의 공간을 찾아야 하는 상황으로 내몬다. 대표적으로 서울의 탑골공원은 이러한 이유로 노인들이 머무는 장소로 자리 잡았다.

이와 같은 노인 혐오는 우리 사회의 숨겨진 문제를 반영한다. 어느 사회복지사는 "우리 모두 언젠가 늙고 누군가의 도움이 필요할 날이 온다"며, 노인 혐오를 지적하고 공동체로서의 책임을 호소했다. 나 역시 아파트 단지에서 아들로 보이는 남성과 함께 데이케어센터 버스를 기다리는 노인을 보며 깊은 생각에 잠긴 적이 있다. 특히 비 오는 날에는 가까운 곳에 돌봄 시설이 있었다면 이들이 더 편안했을 거라고. 그 모습이 미래의 내 모습처럼 느껴져 안타깝기까지 했다.

노인 혐오와 그로 인한 노인복지시설 기피는 이제 우리 사회에 숨겨진 시한폭탄과 같다. 이 문제를 방치한다면, 결국 누구나 노인이 되는 미래에 우리 모두가 그 혐오의 대상이 될 수 있다는 점을 잊지 말아야 한다.

이곳이 정말 '노인복지관' 맞나요?

서울 강동구의 해공노인복지관을 증축하기 위해 방문했을 때, 그 첫인상은 다소 충격적이었다. 복지관에 들어서자마자 눈에 들어온 '사무실' 표지판과 직원의 "무슨 일로 오셨어요?"라는 질문은, 마치 출입이 제한된 곳에 들어선 듯한 느낌을 주었다.

복지관을 둘러보면서 이곳은 노인을 위한 공간이라기보다는 일방적인 규율과 프로그램만을 제공하는 학원 같은 분위기로 느껴졌다.

복도는 좁고 답답했으며, 기다리는 동안 앉아 쉴 수 있는 의자조차 없었다. 모든 공간에서는 수업만 진행되고 있었고, 노인들에게 "일찍 오지 말고 시간에 맞춰 오라"는 엄격한 시간 준수까지 요구하고 있었다.

비나 눈이라도 오는 날이면 시간을 맞춰 오기가 힘들 텐데, 이런 요구는 노인의 현실을 전혀 고려하지 않은 비현실적인 조건이었다. '복지관'이라는 이름이 무색할 정도로, 이곳에서 복지는 쉽게 찾아볼 수 없었다.

데이케어센터에서 노인들이 ㄴ자형 긴 소파에 앉아 있던 모습이 인상 깊었다. 주변에 공원 하나 없어 바깥 활동이 거의 불가능한 상황에서, 노인들은 실내에 머물러야만 했다.

이에 기존동 1층에 있던 사무실을 증축동 4층으로 옮기고, 그 자리에 노인이 서로를 기다리고 만날 수 있는 '모두의 거실'이라는 콘셉트의 북카페를 조성할 것을 제안했다. 이 공간이 학원처럼 딱딱하게 운영되는 곳이 아니라, 노인들이 편히 머무를 수 있는 장소가 되길 바라는 마음에서였다. 또한, 증축동 옥상에는 데이케어센터 이용자들이 야외활동을 즐길 수 있도록 '100세 정원'을 제안했다.

시설 개선 이후, 주민들이 1층 북카페에 모여들고, 옥상에서 어르신들이 비빔밥을 함께 나누는 모습은 이 공간이 어떻게 변화했는지를 잘 보여준다.

많은 노인복지시설은 여전히 돌봄 제공에만 머물러 있다. 노인이 지역과 연결되고 활발히 활동할 수 있는 환경을 만들어야 한다는 요구가 커지고 있지만, 현실에서는 여전히 폐쇄적이고 단절된 운영이 이어지고 있다. 이러한 폐쇄성은 노인들의 외로움과 고립감을 심화시키며, 복지시설을 혐오시설로 인식하게 만드는 주요 요인 중 하나로 작용한다.

지역 사회와 교류가 없는 복지시설은 주민들에게 '닫힌 공간'으로 인식되기 쉽다. 이로 인해 복지시설은 주민들 사이에서 '민폐시설'로 여겨지기도 한다. 이러한 단절은 노인의 심리적 고립감을 심화시키는 동시에, 지역주민들에게 불편한 존재로 비춰지게 만든다.

복지시설은 지역과 활발히 소통하고, 다양한 세대가 함께할 수 있는 열린 공간으로 변화해야 한다. 지역 사회를 포용하며 주민들이 자유롭게 이용할 수 있는 공간으로 발전해야 한다. 이를 위해 복지시설 1층을 개방해 지역 주민들이 참여할 수 있는 커뮤니티 공간으로 만드는 시도가 필요하다.

이러한 변화가 시작된다면, 복지시설은 더 이상 혐오시설이 아닌

나이 들어 어디서 살 것인가

지역 사회의 중요한 구성 요소로 자리 삽을 수 있을 것이다. 이로 인해 노인은 지역 사회의 당당한 주민이 되고, 노인복지시설은 모두의 집으로 거듭날 것이다.

서울시 강동구 십자성 경로당. 복지시설을 열린 공간으로 변화시키기 위해
1층을 개방하고, 주민 참여를 위한 커뮤니티 공간으로 조성했다.

커뮤니티 허브로 변신하자!

도시에는 노인복지관, 장애인복지관, 청소년문화의집, 지역아동센터 등 다양한 복지시설이 존재한다. 이 시설들은 세대와 계층별로 분리되어 각자의 요구에 맞춘 서비스를 제공하지만, 이러한 분리는 세대와 계층 간 단절과 고립이라는 문제를 초래하고 있다.

복지시설의 초기 형태는 한 공간에서 가난한 사람들, 어린이, 고령자, 장애인 등을 혼합 수용하는 방식이었다. 하지만 과학과 기술의 발달로 질병, 연령, 기능에 따라 복지시설을 구분하고 점차 분화하기 시작했다. 이 같은 기능 분화는 각 계층에 맞는 전문적 돌봄을 제공할 수 있게 했지만, 동시에 복지시설을 지역 사회로부터 고립시키며 타인과의 관계를 단절시키는 결과를 초래했다. 이러한 단절은 지역 주민들에게 복지시설을 '내가 이용하지 않는, 부담스러운 시설'로 인식하게 만들었고, 결국 복지시설을 혐오시설로 여기게 하는 주요 요인이 되었다.

복지시설의 기능 분화는 내부 효율성을 높였지만, 지역 사회와 단절되면서 시설 이용자들을 더 수동적으로 만들었다. 복지시설은 이용자들이 사회 속에서 주체적으로 살아가도록 돕는 공간이어야 함에도 불구하고, 폐쇄적으로 운영하면서 오히려 고립감을 심화시켰다. 이로 인해 복지시설은 사회적 포용이라는 본래의 목적을 점차 잃어갔다.

특히 세대별로 분리된 복지시설은 세대 간 소통을 막고 상호 이해의 기회를 가로막았다. 노인복지관은 노인만을 위한 공간으로 청소년이나 다른 세대의 접근이 차단되어 있고, 청소년문화의집은 청소년만의 전유물로 여기며, 노인과 다른 세대가 이용하기 어려운 곳이 되었다. 이러한 분리 구조는 각 시설을 특정 집단만을 위한 배타적 공간으로 만들어 다른 집단에게는 불편하고 거리를 두고 싶은 장소로 인식되게 한다. 결과적으로 복지시설은 지역 사회로부터 소외되면서 혐오시설로 여겨지기 쉽다.

이 문제를 해결하려면 복지시설의 복합화가 필요하다. 복지시설이 특정 계층만을 위한 공간이 아니라, 지역주민 모두가 함께 이용할 수 있는 커뮤니티 공간으로 변화해야 한다. 이를 위해 일부 공간을 개방해 다양한 세대가 함께할 수 있는 방안을 고려해야 한다. 경로당이나 노인복지관, 장애인복지관, 청소년문화의집을 모든 주민이 자유롭게 이용할 수 있는 열린 공간으로 재구성하면, 세대 간 교류는 자연스럽게 이루어질 것이다.

일본의 일부 초등학교는 남는 교실을 활용해 고령자 복지시설과 결합하여 운영하고 있다. 어린이와 노인이 한 공간에서 교류하면서 세대 간 소통이 촉진되고 지역과의 연결도 강화되는 방식이다. 이처럼 복합화된 복지시설은 세대와 계층 간 단절을 극복하는 데 효과적인 사례를 보여준다. 한국도 복합화된 복지시설을 도입한다면, 노인복지시설이 지역 사회와 함께 작동하는 공간으로 변모할 수 있을 것이다.

복지시설은 기능적 분화를 유지하면서도 다양한 세대가 어우러질 수 있는 열린 공간으로 변화해야 한다. 그렇게 된다면, 복지시설은 더 이상 혐오시설이 아니라 세대와 지역을 연결하는 중요한 공간으로 자리 잡을 것이다.

디지털 사회,
세상과 연결되는 법

'차라리 음식을 먹지 않겠다'는 다짐

디지털화는 현대 사회에 편리함과 발전을 가져왔지만, 고령층에게는 새로운 도전과 두려움으로 다가오고 있다. 디지털 기술이 일상에서 점점 중요해지고 있지만, 많은 노인은 이러한 변화에 적응하지 못하고 소외되고 있다. 특히 고령층은 디지털 기술의 혜택을 온전히 누리지 못한 채, 오히려 디지털 장벽에 가로막혀 생활에서 불편을 겪는 사례가 많다.

키오스크는 노인이 직면하는 대표적인 디지털 장벽 중 하나다. 노인은 나이가 들수록 시력이 나빠지고 손을 사용하는 능력이 제한되어 디지털 기기 사용에 어려움을 느낀다. 그러나 상업시설에 도입된 키오스크는 작은 글씨와 복잡한 메뉴 구조 때문에 노인들에게 특히 사용하기 어려운 시스템 중 하나다. 얼마 전 한 노인이 맥도날드에서 키오스크를 사용하지 못해 주문을 포기하고 매장을 떠나는 모습을 보았다. 이처럼 일부 노인은 '차라리 음식을 먹지 않겠다'며 디지털 서비스 이용을 포기하기도 한다. 이는 노인이 소비자로서 존중받지 못한다는 느낌을 들게 하며, 디지털 환경에 대한 거부감을 더욱 심화시킨다.

젊은 세대는 성장 과정에서 디지털 기술을 자연스럽게 습득해 왔지만, 고령층에게는 새로운 기술을 배우고 적응하는 과정이 쉽지 않다. 새로운 기술을 익히는 데 심리적 부담을 느끼거나, 복잡한 메뉴와 작은 아이콘 때문에 학습을 포기하는 경우가 많다. 스마트폰이나 다양한 앱을 사용하는 데 필요한 학습은 고령층에게 큰 도전이며, 이를 익히지 못하면 점차 디지털 환경에서 멀어지게 된다.

고령층은 디지털 기기를 사용할 때 주변의 시선을 의식하게 된다. 특히 키오스크를 이용할 때 실수를 반복하거나 오래 걸리면 뒷사람의 눈치를 보며 스트레스를 받는다. 실제로 75세 이상의 키오스크 이용률이 13.8%에 불과하다는 통계는, 많은 노인이 디지털 기기를 아예 사용하지 않거나 서비스를 포기하고 있다는 현실을 보여준다.

더 큰 문제는 다양한 서비스가 디지털 플랫폼으로 전환되면서, 노인들이 오프라인에서 서비스를 이용할 기회가 점차 줄어들고 있다는 점이다. 항공권 예매, 은행 업무, 음식 주문 등 많은 서비스가 온라인으로만 제공되면서, 고령층은 앱을 통해 음식을 주문하거나 영화표를 발권하는 기본적인 서비스조차 이용하는 데 어려움을 겪고 있다. 디지털 환경의 급격한 변화는 고령층에게 소외감을 안겨주며, 특히 인터넷과 스마트폰에 익숙하지 않은 노인들에게는 따라가기 힘든 장벽으로 작용하고 있다.

기술이 발전할수록 디지털 환경의 변화와 고령층 역량의 간극은 더 커질 것이고, 1000만 명에 이르는 고령자가 시장에서 배제될 위험에 처해 있다. 고령층이 겪는 디지털 소외를 해결하지 않는다면, 사회의 중요한 구성원이 배제된 채 남아 있게 될 가능성이 크다.

실버 마케팅 말고 젊은 감성을 원한다

노인 1000만 시대가 도래하고, 액티브 시니어의 등장으로 고령자는 중요한 소비 계층으로 부상하고 있다. 이들은 경제적 여유와 시간적 여유를 바탕으로 다양한 소비 활동에 적극 참여하지만, 많은 상업시설은 여전히 그들의 요구와 기대를 충분히 반영하지 못하고 있다.

특히 베이비부머 세대는 자신이 '노인'으로 분류되는 것을 거부하며, 젊고 활기찬 삶을 추구한다. 이들은 실제 나이보다 스스로를 10세 이상 젊게 인식하고 있으며, 젊은 세대와 크게 다르지 않다고 생각한다. 따라서 '노인용'으로 분류된 제품과 마케팅에 대해 거부감을 느끼는 경우가 많다.

그러나 많은 상업시설은 여전히 노골적인 실버 마케팅을 사용하며, 고령자를 '노인'이라는 고정된 틀에 가둬 자존감을 상하게 하고 있다. 반면, 고령자들은 젊은 감성을 반영한 제품과 은근한 편의성을 강조한 서비스를 선호한다. 이들은 실용성을 넘어 '스스로를 위한 소비'를 통해 삶의 만족도를 높이고자 한다.

일본의 유통업체 이온이 선보였던 'G.GGrand Generation몰'은 고령자를 위한 맞춤형 공간으로 기대를 모았으나, 결과적으로 실패했다. 고령 사회에 발맞추어 고령자를 위한 전용 판매 공간을 마련하고, 눈에 잘 띄는 가격표와 상품 설명을 배치하는 등 편의성을 강조했다. 또한 감성적인 광고를 통해 고객들이 '인생 후반전'을 즐길 수 있도록 돕겠다는 목표를 내세우기도 했다.

그러나 이 전략은 실패로 돌아갔다. 가장 큰 원인은 노골적인 '노인용' 이미지가 고령자들의 자존심을 건드렸기 때문이다. 많은 고령자는 나이에 구애받지 않고 자신이 원하는 소비를 자유롭게 즐기고 싶어 한다. 이런 소비자들에게 특정 연령층을 타깃으로 한 제품과 마케팅은 오히려 거부감을 불러일으켰다. 그들을 완전히 노인 취급하는 물건은 사고 싶지 않은 것이다. 실제로 많은 고령자들이 20대 매장에서 옷을 구매하는 것을 전혀 어색해하지 않는 것처럼, 상업시설은 이들의 세련되고 주체적인 소비 패턴을 반영해야 한다.

고령자의 소비 패턴은 물건 구매에서 경험과 시간 소비로 점차 이동하고 있다. 은퇴 후 여유 시간이 많아진 이들은 새로운 경험을 통해 삶의 만족도를 높이고자 하며, 일본의 일부 쇼핑몰은 이러한 변화를 반영해 문화 교실, 피트니스 스튜디오, 건강 관리 센터 등을 운영하여 고령자의 체험형 소비를 지원하고 있다. 반면, 우리의 상업시설은 어떤가? 여전히 물건 판매에 초점을 맞추고 있어, 고령자가 원하는 체험형 공간이 부족하다. 고령자의 새로운 소비 패턴을 반영해 상업시설에도 변화가 필요하다.

또한, 상업시설에서 고령자들이 이동하고 접근하기 편리한 물리적 환경도 필수적이다. 나이가 들수록 관절이 약해지고 균형 감각이 저하되어 장시간 서 있거나 걷기가 어려워지기 때문에, 충분한 휴식 공간과 안전한 동선이 요구된다. 일본 도쿄의 '스가모 시장'은 문턱 없는 입구, 넓은 통로, 충분한 휴식 공간을 마련하여 고령자들이 편안하게 쇼핑할 수 있도록 배려했다. 반면, 우리나라의 전통시장 등 많은 상업시설의 환경은 물리적으로 고령자가 이용하기 어렵다. 입구의 높은 계단, 좁은 통로, 미끄러운 바닥, 부족한 휴식 공간, 화장실 부재 등은 고령자에게 큰 불편을 준다.

몇 년 전, 고분다리 시장에 북카페를 조성하고 그 앞쪽에 벤치를 설치해 고령자들이 쉬어갈 수 있는 공간을 마련했으나, 얼마 지나지 않아 노숙자들이 이 시설을 이용한다는 이유로 폐쇄해 버렸다. 행정은 문제가 생기면 공간을 폐쇄하는 것이 해결책이라고 여기지만, 이로 인해 새로운 문제가 발생할 수 있다는 점은 간과하고 있다. 문제의 원인을 없애기보다는 이를 해결할 방안을 찾아야 한다. 고령자를 위한 상업시설이 합리적으로 운영될 때, 그들의 소비 활동도 더욱 활성화될 것이다.

나이 들어 어디서 살 것인가

물건만 파는 시대는 끝났다

고령자들이 은퇴 후 겪는 고립감을 해소하는 데 상업시설이 중요한 역할을 할 수 있다. 물건을 구매하는 것만으로는 고령층이 만족감을 느끼기 어렵다. 이들은 대화와 교류를 원하며, 커뮤니티와 연결되어 사회적 소속감을 갖고자 한다.

일본의 '로손 편의점'은 이러한 고령자의 요구를 반영해 편의점 내에 '시니어 살롱'을 마련했다. 이 공간에서 노인들은 쇼핑한 음식을 먹고, 혈압 측정이나 건강 상담을 받는 등 건강 관리까지 할 수 있어, 편의점이 소비와 복지를 동시에 제공하는 종합센터 역할을 하는 것이다. 더불어 사회복지사가 상주하며 고령자가 필요로 하는 복지업무도 함께 처리한다. 이 공간은 고령층이 지역 사회와 소통하며 편리하게 이용할 수 있는 상업시설의 좋은 사례로 평가받는다.

우리나라에서도 편의점이 점차 많아지며, 필요한 물건을 간편하게 구매할 수 있는 곳으로 자리 잡았다. 그러나 **고령자가 편히 드나들 수 있는 편의점은 거의 찾아보기 힘들다. 좁은 출입구는 보행기나 휠체어를 이용하는 노인들에게 진입 장벽이 되고, 통로는 성인 한 명이 돌아다니기도 힘들다.** 상업시설은 이제 모든 주민이 평등하게 접근할 수 있는 공간으로 변화해야 하며, 고령자도 편히 이용할 수 있는 환경적 배려가 필요하다. 고령자에게 상업시설은 물건을 사는 곳만이 아닌 자립 생활을 지원하는 중심지가 되어야 한다.

고령자에게는 가까운 상업시설이 일상적인 물품을 구입하는 것

외에도 사회적 고립감을 줄이는 중요한 역할을 한다. 상점에서 이웃과 짧은 대화를 하거나 점원과 나누는 소소한 인사는 고령자들에게 심리적 안정과 소속감을 제공하며, 치매 예방에도 긍정적인 영향을 미친다. 이처럼 상업시설은 고령자의 건강과 사회적 연계를 증진시키는 공간으로 거듭날 가능성을 가지고 있다.

농어촌이나 고령자가 밀집한 지역에서는 교통 인프라가 부족하고, 가까운 상업시설이 없어 '교통 난민'과 '쇼핑 난민'이라는 용어가 등장할 정도로 고령층의 생활이 어려워지고 있다. 특히 운전이 어려운 고령자는 생필품을 구입하기 위해 긴 이동 시간을 감내해야 하며, 이는 생활의 자립성과 삶의 질을 크게 떨어뜨리는 요인으로 작용한다.

이러한 문제를 해결하기 위해 일본에서는 '이동 슈퍼'가 등장했다. 대표적인 이동 슈퍼 서비스인 '도쿠시마루とくし丸'는 약 400여 가지 품목을 갖춘 트럭을 몰고 고령자의 집 앞까지 찾아간다. 현재 약 1,180대가 운영 중으로, 교통이 불편한 좁은 주택가, 지방 소도시, 산간벽지까지 서비스를 제공하고 있다. 물품을 판매하는 데 그치지 않고, 판매 파트너가 고령자와 대화를 나누며 건강 상태를 확인하고 치매 예방을 돕는 등 사회적 상호작용을 통해 고립감을 해소하고 있다.

이동 슈퍼는 고독사를 예방하고 응급 상황을 발견하는 등의 돌봄 기능도 수행하면서, 지역 사회에서 지킴이 역할을 하고 있다.

상업시설의 변화는 이제 선택이 아닌 필수적인 과제가 되고 있다.

이동 슈퍼 '도쿠시마루'. 약 400여 가지 품목을 갖춘 트럭으로 이동이 어려운 고령자의 집 앞까지 찾아가 물품을 판매한다. 일본 와지마시

2장

노인의 자립,
주거 공간이
좌우한다

모두가
실버타운에 입주할 수 없다면

끝까지 살던 곳에서 살고 싶다

나이가 들수록 노년기를 어디서, 어떻게 보낼지에 대한 고민이 깊어진다. 은퇴를 앞둔 사람들은 남은 생을 어디에서 보낼지 고민하며, '100세 시대'를 살아가는 노인들은 주변의 도움 없이 스스로 남은 생을 잘 보낼 수 있을지 걱정이 점점 커지고 있다.

노인들에게 집은 주거 공간을 넘어 삶의 흔적과 추억이 깃든 장소이자, 자립과 존엄을 유지할 수 있는 상징적인 공간이다. 이러한 배경 속에서 '에이징 인 플레이스Aging in Place, AIP'라는 개념이 주목받고 있다. 이 개념은 고령자가 현재 살고 있는 익숙한 곳에서 여생을 보내며, 일상과 인간관계를 유지하면서 자립적인 생활을 지속할 수

나이 들어 어디서 살 것인가

있도록 다양한 지원을 제공하는 것을 목표로 한다.

보건복지부의 〈2020 노인실태조사〉에 따르면, 응답자의 83.8%가 건강이 유지된다면 현재 집에서 계속 살기를 원한다고 답했다. 그중 56.5%는 거동이 불편해지더라도 재가 서비스를 받으며 지금 사는 곳에서 생활하고 싶다고 밝혔다. 고령자들은 요양시설로 이주하는 것보다 자신이 익숙한 환경에서 자립적으로 지내며 삶의 질을 유지하려는 강한 의지를 드러냈다. 건강 상태나 경제적 여건이 변하더라도 이제껏 지내온 집과 지역공동체에서 계속해서 살아가기를 원하는 것이다.

노년기에는 새로운 환경에 적응하는 일이 어려워지기 때문에, 낯선 곳으로 이주하는 것은 큰 스트레스를 유발할 수 있다. '에이징 인 플레이스'는 이러한 스트레스를 완화할 뿐만 아니라, 고령자가 삶의 연속성을 유지할 수 있도록 돕는 개념이다. 요양시설로 이동할 경우 기존의 삶의 흔적과 관계가 단절되어 상실감이나 무력감을 느끼기 쉬운 반면, 익숙한 환경에서 생활하며 사회적 관계와 역할을 이어가는 것은 노년기에 삶의 의미를 되찾고 의욕을 유지하는 데 큰 도움이 된다. 고령자가 스스로 생활하고 자율성을 유지하게 돕는 것이야말로 이 개념의 핵심이다.

사회적 측면에서도 '에이징 인 플레이스'는 경제적 효과가 크다. 초고령 사회로 접어들면서 요양시설에 대한 수요가 증가하고 있어 사회적 비용 부담이 커지고 있다. 하지만 고령자가 가정에서 필요한 지원을 받으며 생활하면 장기 요양시설 입소자를 줄일 수 있어 사회적 자원을 보다 효율적으로 활용할 수 있다. 재가 서비스와 방문 의료를 통해 고령자가 집에서 자율성을 유지하며 삶의 질을 높일 수 있도록 돕는 것은 더 경제적이고 지속 가능한 대안이 된다.

초고령 사회에 접어들며 실버타운 수요도 증가하고 있지만, 공급에는 한계가 있다. 고령자가 건강할 때 실버타운에 입주하더라도 시간이 지나면 신체적·정신적 기능이 쇠퇴할 수 있다. 결국 요양시설로 옮겨야 하는 상황이 올 수 있기 때문에, 건강할 때 내 집을 떠나 실버타운에 입주하는 것이 과연 의미가 있는지 의문이 든다. 모든 사람이 실버타운에 입주할 수 있는 것도 아니고, 반드시 입주할 필요도 없다.

어느 지자체의 경우 65세 이상 고령자가 33%를 넘어서고 있다. 이 지역에서 주민 3명 중 1명이 실버타운에 입주하려 한다면 이 인원을 수용할 수 있는 시설도 부족할 뿐더러, 도시를 유지하는 것조차 어려워질 수 있다. 오히려 실버타운으로 이주하지 않고 익숙한 환경에서 머무르는 것이 개인에게도, 도시에도 더 건강한 선택이 될 수 있다. 초고령 사회가 직면한 여러 문제를 해결하기 위한 출발점은 바로 '에이징 인 플레이스'에 있다.

자립은 작은 변화에서 시작된다

나이가 들수록 신체적·정신적 변화로 인해 일상생활이 점차 어려워질 수 있지만, 자립적인 삶을 이어가기 위해서는 '일상생활 수행 능력Activities of Daily Living, ADL'을 유지하는 것이 매우 중요하다. '일상 생활 수행 능력'은 고령자가 기본적인 일상 활동을 스스로 수행할 수 있는 능력을 의미하며, 이는 자립 생활의 핵심 요소로서 고령자의 존엄성과 자존감을 지키고, 건강하고 행복한 노년을 위한 중요한 기반이 된다.

일상생활을 영위하기 위해 기본적인 활동을 수행하는 능력은 대부분 사람들에게 당연하게 여겨지지만, 고령자가 자립적인 생활을 유지하기 위한 필수 조건이라는 점에서 중요한 의미를 가진다.

먼저, **개인 위생을 스스로 관리하는 능력은 건강을 유지하고 자존감을 형성하는 데 중요한 역할을 한다.** 손 씻기, 양치질, 머리 감기, 목욕 등 위생 관리를 스스로 할 수 있는 능력은 감염과 질병을 예방하고 청결을 유지하는 데 핵심적이다. 이는 자신을 돌볼 수 있다는 자존감을 높이고, 사회적 교류에도 긍정적인 영향을 미친다.

또한, 식사를 준비하고 섭취할 수 있는 능력은 영양 상태와 신체 건강에 직접적으로 영향을 미친다. 고령자나 만성 질환을 가진 사람에게는 균형 잡힌 영양 섭취가 필수적이며, 스스로 음식을 준비하고 선택함으로써 건강을 관리하고 자립적인 삶에 대한 자부심과 성취감을 느낄 수 있다.

이동 능력은 침대에서 일어나 의자나 다른 장소로 이동하거나 집안을 자유롭게 걸을 수 있는 능력을 포함하며, 이는 안전과도 직접적으로 연결된다. 이동 능력이 있는 고령자나 환자는 자유롭게 외출하거나 긴급 상황에도 대처할 수 있게 된다. 이 능력은 공간을 이동함으로써 사회와의 연결을 유지하고 새로운 경험을 할 기회를 제공한다.

옷을 입고 벗는 능력도 독립적인 생활을 위한 중요한 요소로, 자존감을 형성하는 데 기여한다. 날씨와 상황에 맞는 옷을 스스로 선택해 입는 능력은 신체를 관리하는 데 도움을 주며, 자신을 돌볼 수 있다는 확신과 자립심을 느끼게 한다.

마지막으로, **화장실을 스스로 이용할 수 있는 능력은 개인의 위생과 건강을 유지하는 데 필수적이다.** 이는 고령자나 환자가 타인에게 의존하지 않고 기본적인 생활을 이어갈 수 있도록 돕고, 개인의 존엄성을 지키고 독립적인 생활을 영위하는 데 큰 의미가 있다.

이처럼 '일상생활 수행 능력'을 유지하는 것은 고령자가 자립적인 삶을 이어가며 존엄성을 지키는 데 필수적이다. 개인이 스스로 생활을 관리할 수 있는 능력을 갖추고 유지하는 것은 삶의 질을 높이고 일상의 주도권을 확보하는 데 중요한 역할을 한다.

헬렌 켈러는 "자립은 행복으로 가는 열쇠이다"라고 말했다. 고령자들이 존엄을 유지하며 자립적으로 살아갈 수 있도록 돕는 것은 우리 사회의 책임이며, 이를 통해 우리가 나이 들었을 때도 진정으로 행복한 노년을 누릴 수 있을 것이다. 고령자의 자립을 지원할 수 있도록 지금 살고 있는 집을 개조하는 것 또한 중요한 첫걸음이다.

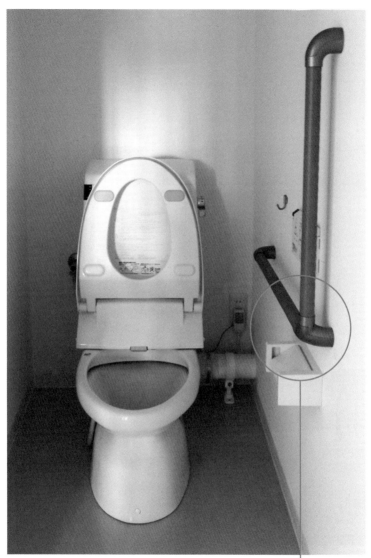

고령자가 화장실을 스스로 이용할 수 있도록 핸드레일을 설치했으며,
따뜻한 느낌의 목재를 사용했다. 일본 다카시마 타이라

나이가 들수록 이동과 균형이 어려워지는 고령자를 위해 안전 손잡이와 경사로를 설치하고,
현관 입구에는 신발을 신을 수 있는 보조 의자를 마련했다.
일본 긴모쿠세이 우라야스(상), 일본 다카시마 타이라(중, 하)

문턱부터 손잡이까지, 자립을 위한 집

'에이징 인 플레이스'를 성공적으로 실현하려면 고령자가 기본적인 일상생활 수행 능력을 유지할 수 있도록 다양한 지원이 필요하다.

먼저, 고령자가 생활하는 집은 안전하고 편리한 환경으로 조성되어야 한다. 나이가 들수록 이동 능력과 균형 감각이 떨어지기 때문에 생활 공간에서 발생할 수 있는 위험 요소를 줄이는 것이 무엇보다 중요하다. 이를 위해 문턱을 없애고, 계단 대신 경사로를 설치하며, 욕실과 화장실에는 미끄럼 방지 바닥재와 안전 손잡이를 설치하는 등의 장벽이 없는 설계를 적용해야 한다. 밝은 조명과 자동 조명 시스템을 설치해 고령자가 밤중에 이동할 때 안전을 확보하고, 자주 사용하는 물건을 손이 닿기 쉬운 곳에 배치하여 편리하게 생활할 수 있도록 돕는다. 이러한 주거 환경 개선은 고령자가 자립 생활을 유지할 수 있는 중요한 조건이 된다.

신체적 건강 유지 또한 필수적이다. 자립 생활을 위해서는 기본적인 근력과 균형 감각이 필요하며, 걷기, 스트레칭, 근력 운동 등을 통해 체력을 유지하는 것이 중요하다. 고령자는 단백질, 칼슘, 비타민이 풍부한 음식을 섭취하여 근육과 뼈 건강을 유지해야 하며, 정기적인 건강 검진을 통해 건강 상태를 점검하고 질병을 예방할 수 있다. 이러한 신체적 건강 관리는 고령자가 스스로 생활할 수 있는 힘을 제공한다.

생활 보조 기기와 스마트 홈 기술의 활용은 고령자의 일상생활을 보다 편리하게 만들어 자립 생활을 꾸려나가는 데 실질적인 도움을 준다. 보행 보조기, 손잡이가 있는 컵, 큰 글씨 전화기 등은 고령자의 생활을 돕는 기기로, 일상생활 수행의 편의를 크게 향상시킨다. 또한, 자동 조명, 음성 인식 가전제품, 비상 호출 시스템 같은 스마트 홈 기술은 가전 기기 조작을 간편하게 하고 긴급 상황에서 신속하게 도움을 요청할 수 있도록 지원한다.

일상생활 지원 서비스와 재가 간호 서비스는 고령자가 자립적으로 생활하면서 필요한 도움을 받을 수 있는 중요한 방안이다. 청소, 세탁, 식사 준비 등의 가사 지원 서비스는 고령자가 일상생활의 부담을 덜고 자립성을 유지하는 데 도움을 준다. 또한, 방문 간호를 이용하면 병원에 가지 않아도 건강 관리를 받고 필요한 의료 도움을 받을 수 있다. 이러한 서비스는 고령자의 신체적·정신적 건강을 증진시키고 자립 생활을 지속하는 데 크게 기여한다.

마지막으로, 고령자가 사회적 고립을 느끼지 않고 활기찬 생활을 할 수 있도록 사회적 관계와 정서적 지원이 뒷받침되어야 한다. 지역 복지관이나 데이케어센터에서 제공하는 프로그램에 참여함으로써 타인과 교류하며 정서적 안정감을 느낄 수 있다. 가족과 정기적으로 연락을 주고받으며 정서적 지지를 얻고, 필요할 때 도움을 요청할 수 있는 관계를 유지하는 것도 중요하다.

'에이징 인 플레이스'는 고령자가 집에 머무는 것에 그치지 않고, 스스로 일상을 주도적으로 관리하며 독립적인 생활을 이어가도록 돕는 개념이다. 이러한 지원을 통해 고령자는 자립적이고 존엄 있는 삶을 영위하며, 나이가 들어서도 삶의 주도권을 가지고 활기찬 일상을 지속할 수 있다.

나이 들어 어디서 살 것인가

고령자가 생활하는 집은 문턱을 없애고, 장벽 없는 설계를 적용해
안전하고 편리한 환경으로 조성해야 한다. 일본 다카시마 타이라

내 집 같은 편안함,
시니어 공간의 비밀

나이 들수록 어떤 집이 편할까?

노인들에게 가장 편안한 집은 어떤 집일까? 이사를 앞두거나 집을 새로 지으려 고민할 때, 우리가 원하는 것은 크고 멋진 집이 아니라 마음이 편안히 쉬어갈 수 있는 '진짜 내 집'일 것이다. 특히 나이가 들수록 집은 거처를 넘어 삶의 중심이자 평생의 추억을 담아낼 공간으로 그 의미가 더욱 커진다. 실내가 아무리 잘 꾸며져 있어도 동선이 불편하거나 분위기가 낯설다면 오히려 답답하게 느껴질 수 있다. 그렇다면, 나이가 들어서도 편안하고 안정감을 줄 수 있는 집이란 과연 어떤 집일까?

노인이 새로운 환경에 적응하는 것은 결코 쉽지 않다. 특히 치매나 인지 기능 저하가 있는 경우, 낯선 공간은 불안과 혼란을 초래할 가능성이 크다. 이러한 이유로, 노인 주거시설은 '집의 느낌'을 재현하여 노인들이 심리적으로 안정감을 느낄 수 있도록 해야 한다. 익숙하고 따뜻한 분위기로 공간을 조성하면 노인들은 주거 공간을 진정한 안식처로 받아들일 수 있다.

또한, 고령자가 사용하는 물건과 소품에는 오랜 추억이 담겨 있다. 침실이나 거실에 가족사진, 오래 사용한 가구, 그리고 좋아하는 색상의 벽지를 배치하는 것은 장식을 넘어선 깊은 의미를 지닌다. 이러한 요소는 고령자에게 자신만의 공간에서 생활하고 있다는 안정감을 제공한다. 특히 치매 환자에게는 과거의 기억을 자극해 인지 기능 저하를 늦추는 데 도움을 줄 수 있다.

낯선 환경에서 불안을 느끼기 쉬운 고령자에게는 익숙한 감각을 재현하는 것이 중요하다. **일본의 고령자 주택에서는 아늑함을 강조하기 위해 나무와 천 같은 자연 소재를 사용하는데, 이는 거주자가 돌봄을 받는 것이 아닌, 자신의 삶을 주도하는 느낌을 유지하도록 돕는다.** 부드러운 질감의 가구와 목재로 된 출입문은 차가운 금속이나 플라스틱보다 더 따뜻하고 편안한 느낌을 주어, 집에 들어선 듯한 포근함을 제공한다. 이러한 특징은 방문자들에게도 동일한 효과를 준다.

또한, 고령자들의 생체 리듬을 조절하고 정서적 안정감을 높이는 데에는 자연광이 중요한 역할을 한다. 햇빛이 잘 드는 공간은 우울감을 완화하고 활력을 더해준다.

일본의 고령자 주택은 나무와 천 같은 자연 소재를 사용해 아늑함을 강조하며,
침실 창은 바닥 면적의 1/7 이상으로 넓게 설계해 자연스러운 빛 변화를 경험할 수 있도록 한다.
일본 긴모쿠세이 우라야스의 개인실

침실과 거실은 햇빛이 충분히 들어올 수 있도록 설계되어야 하며, 특히 침실 창은 바닥 면적의 1/7 이상으로 넓게 만들어 아침과 저녁의 자연스러운 빛 변화를 경험할 수 있도록 해야 한다. 이는 고령자들이 수면 리듬을 조절하는 데 도움을 줄 수 있다. 거실 창 역시 바닥 면적의 1/10 이상으로 설계해 자연광이 충분히 유입되도록 하면, 고령자에게 밝고 활기찬 느낌을 줄 수 있다. 이처럼 창과 발코니를 통해 들어오는 햇빛은 외부와 연결되어 있다는 느낌을 주어 정서적 안정에도 기여한다.

치매 환자에게는 익숙한 환경을 재현하는 것이 특히 중요하다. 과거에 사용하던 가구와 소품을 배치하고, 환자의 일상생활에 맞춰 단순하고 직관적으로 설계된 공간을 제공함으로써 안정감을 느끼게 해야 한다. 화장실과 주방은 치매 환자가 스스로에게 익숙한 방식으로 사용할 수 있도록 단순하고 직관적으로 만들어야 하며, 스스로 음식을 준비할 수 있는 주방 환경을 마련하면 자기 역할을 수행하면서 자기효능감을 회복할 수 있다.

노인 주거시설에서 '집의 편안함'을 살린 공간은 고령자들에게 익숙함과 안정감을 주며, 이는 삶의 질을 높이는 데 크게 기여한다.

"햇빛과 채광은
외부와 연결된다는 안도감을 선사한다."

개인 공간과 공동 공간, 둘 다 필요하다

고령자들이 함께 생활하는 주거시설에서는 혼자만의 개인 공간과 다른 사람들과 교류할 수 있는 공동 공간이 모두 필요하다. 고령자가 자유롭게 시간을 보내며 독립성을 유지하면서도 사회적 관계를 지속할 수 있는 환경이 마련될 때, 심리적 안정과 만족스러운 생활을 누릴 수 있다. 이러한 균형 잡힌 공간 설계는 노인들이 독립성과 사회적 연결감을 동시에 느낄 수 있도록 돕는다.

먼저, 개인 생활 공간은 고령자가 자신의 생활 리듬에 맞춰 편안하게 지낼 수 있는 장소다. 침실, 욕실, 작은 주방 등 필수 공간이 가까이 배치되어 고령자가 쉽게 생활할 수 있어야 한다.

일본에서는 1인 1실 구조가 증가하고 있는데, 이는 노인에게 자율성을 부여하여 스스로 생활 패턴을 결정할 수 있게 하기 위함이다. 자율성은 노인이 자신의 능력을 신뢰하게 되는 데 중요한 역할을 하며, 정서적 안정과 삶의 만족도에도 긍정적 영향을 미친다. 개인 공간에서는 신체 능력이 조금 떨어지더라도 자율적인 생활이 가능하며, 노인들이 자존감을 유지할 수 있다.

공동 생활 공간은 노인들이 자연스럽게 어울리고, 사회적 유대감을 형성하는 장소다. 식당, 거실, 라운지 등에서 함께 시간을 보내며 정서적 유대감 키울 수 있다. 특히 공동 주방에서 요리를 함께 준비하면서 스스로를 돌봄의 대상이 아니라 제힘으로 생활을 주도하는 존재로 인식하고 자존감을 회복한다. 더불어 취미 활동이나 운동 프로그램이

나이 들어 어디서 살 것인가

제공되는 공동 공간은 협력과 새로운 관계 형성의 기회를 제공하여 노인들이 여전히 사회적 역할을 지속하고 있다는 느낌을 준다.

개인 공간과 공동 공간이 자연스럽게 연결되도록 설계하는 것도 중요하다. 노인들이 자신의 방에서 쉽게 공용 공간으로 이동할 수 있도록 해야 하며, 지나치게 복잡하거나 폐쇄적인 구조는 피해야 한다. 이러한 자연스럽고 편안한 연결은 노인들이 사회적 교류를 스스로 선택할 수 있는 자유를 주어, 고독을 피하면서도 원할 때는 다른 사람들과 어울릴 수 있는 환경을 제공하여 생활 만족도를 높인다.

또한, 고령자에게 가족과의 연결은 중요한 정서적 지지의 원천이 된다. 이를 위해 주거시설 내에 가족이 편하게 방문할 수 있는 공간을 마련하고, 전화나 영상 통화가 가능한 기술적 지원도 필요하다.

서울시는 코로나19 시기에 요양시설 내 면회 공간인 '가족의 거실'을 마련하여, 고령자와 가족 간의 안전한 소통을 지원한 바 있다. '가족의 거실 프로젝트'는 요양시설 거주자들이 코로나19로 인해 가족과 오랜 시간 떨어져 지내야 했던 상황에서 고립감과 정서적 불안을 줄이고, 가족과의 연결감을 유지하는 것을 돕기 위해 추진된 사례다.

침실부터 화장실까지, 요양시설 체크리스트

고령자가 요양시설에 입소할 때 가장 어려운 점은 익숙한 집을 떠나야 한다는 것이다. 집은 기억과 정체성의 중심이자 일상의 안정과 습관이 자리 잡은 공간이기 때문에, 요양시설의 각 공간은 고령자에게 안정감과 자율성을 제공하며 교류를 촉진할 수 있도록 설계되어야 한다. 이를 통해 고령자들이 요양시설에서도 독립적이고 의미 있는 생활을 유지하며 삶의 질을 높일 수 있어야 한다.

현관은 요양시설의 첫인상과 자율성을 상징하는 공간이다. 외부와 내부를 연결하는 이 공간은 노인이 자유롭게 출입할 수 있도록 단순한 동선으로 설계해야 한다. 현관문은 집에서 사용하던 것과 비슷한 크기와 디자인으로 제작해 익숙함을 제공하며, 자동문과 평평한 바닥으로 휠체어나 보행 보조기 사용자도 편리하게 출입할 수 있도록 해야 한다. 신발을 신고 벗을 때 앉을 수 있는 보조 의자와 수직봉을 설치해 안전성을 높이고, 밝은 조명과 미끄럼 방지 바닥재로 낙상의 위험을 줄인다.

경로당을 리모델링할 때 노인들이 가장 많이 요청하는 것은 신발장 옆의 보조 의자지만, 설계자들이 이를 중요하게 여기지 않아 빠트리기도 한다. 또한, 보조 의자 옆에 일어설 때 도움을 주는 수직봉을 설치해 달라는 요구 역시 공무원들이 놓치는 경우가 있었다.

복도는 노인들이 안전하게 이동할 수 있는 공간으로, 방향 감각이 떨어질 수 있는 고령자를 위해 이동 경로를 명확히 하고 시각적 단서를 통해 구분할 수 있어야 한다. 색상 대비나 바닥 재질의 차이를 활용해 공간을 구분하고, 충분한 조명을 설치해 안전성을 확보한다. 복도 중간에는 벤치나 쉼터를 마련해 노인들이 이동 중에도 편히 쉴 수 있도록 하며, 이 공간에서 자연스럽게 대화와 교류가 이루어지게 한다.

침실은 고령자가 가장 많은 시간을 보내는 개인 공간으로, 프라이버

시와 자율성이 보장되어야 한다. 침대는 노인이 쉽게 앉고 일어날 수 있도록 적절한 높이로 배치하고, 침대 옆에는 조명 스위치와 콘센트를 설치해 사용 편의성을 높인다. 창문을 통해 자연광이 충분히 들어오도록 하여 정서적 안정감을 주고 생체 리듬을 조절하는 데 도움을 준다. 또한, 가족사진이나 오랫동안 사용해 온 개인 물건을 배치해 익숙하고 따뜻한 환경을 조성함으로써 인지 저하를 예방하는 데 기여할 수 있다.

거실은 노인들이 소통하고 유대감을 형성하는 공동 공간이다. 소파와 의자는 앉고 일어서기 편한 높이와 손잡이를 갖춘 형태로 선택하며, 자연광과 따뜻한 조명으로 아늑한 분위기를 조성한다. TV와 같은 오락 기기는 간단한 조작 버튼을 통해 노인들이 쉽게 사용할 수 있도록 설계해야 한다.

부엌은 자립적인 생활을 지원하는 공간으로, 휠체어를 사용하는 노인도 앉아서 작업할 수 있도록 조리대 높이를 조절해야 한다. 서랍형 수납공간을 마련해 물건을 쉽게 꺼낼 수 있도록 하고, 가스 차단 장치와 자동 소화 장치를 설치해 화재 위험을 예방해야 한다. 또한, 노인들이 스스로 음식을 준비하는 과정을 통해 자존감을 회복하고 독립적인 생활을 이어갈 수 있도록 돕는다.

식당은 식사뿐만 아니라 소통과 교류가 이루어지는 장소다. 휠체어 접근이 가능한 넓은 테이블과 좌석을 배치해 모두가 함께 식사할 수 있도록 해야 한다. 밝고 따뜻한 조명으로 아늑한 분위기를 조성하면, 함께 식사하는 시간은 정서적 지지와 교류를 위한 중요한 기회가 될 수 있다.

화장실은 인간의 자연적인 생리현상을 처리하며 존엄성을 지킬 수

있는 공간이다. 치매 환자를 위해 익숙한 형태의 문과 명확한 시각적 단서를 제공하여 쉽게 인식하고 사용할 수 있도록 설계해야 한다. 집과 유사한 구조의 화장실은 적응하기 쉽지만, 지나치게 시설화된 구조는 생활 리듬을 방해하고 불안을 유발할 수 있다. 창문을 통해 자연광이 들어오게 하고, 주변의 움직임이 보이도록 설계하면 고립되지 않는다는 느낌을 주어 정서적 안정감을 높일 수 있다.

쉼터와 정원은 노인들이 자연과 교류하며 심리적 안정을 찾을 수 있는 중요한 공간이다. 발코니와 테라스는 외부 풍경을 감상하거나 이웃과 대화할 수 있는 장소로 활용될 수 있다. 정원에는 산책로와 벤치를 마련하여 노인들이 산책과 휴식을 즐길 수 있게 하며, 베란다 주변에 정원을 꾸미고 벤치를 배치해 고령자들이 아이들의 놀이를 지켜보며 자연스럽게 교류할 수 있도록 하는 것도 좋은 방법이다. 서울시 강동구의 해공노인복지관이 옥상에 마련한 '100세 정원'은 이러한 정서적 안정과 교류를 촉진하는 좋은 사례가 될 수 있다.

이처럼, 고령자 요양시설은 편안함과 자율성을 강조하여 고령자들이 집을 떠나야 하는 아쉬움을 줄이고, 독립적이고 의미 있는 삶을 지속할 수 있도록 설계되어야 한다.

나이 들어 어디서 살 것인가

노인들이 자연과 교류하며 심리적 안정을 찾을 수 있도록 산책로와 목재 벤치를 설치하고,
베란다 주변에 정원을 꾸며 휴식과 대화의 공간으로 조성했다. 또한, 휠체어 이용이 가능한 텃밭을 마련했다.

세타가야 Qs-Garden

고령자를 위한 요양시설 설계 팁

현관	·익숙한 재료와 크기의 현관문 ·자동문 및 평평한 바닥 ·수직봉과 보조 의자 설치 ·밝은 조명과 미끄럼 방지 바닥재	**부엌**	·조리대 높이 조절 가능 ·서랍형 수납공간 ·안전 장치 설치 **→자립 생활 지원**
복도	·이동 경로의 구분 ·색상 대비와 바닥 재질로 구분 ·충분한 조명 설치 ·벤치 및 쉼터 마련 **→사회적 교류 공간**	**식당**	·휠체어 접근 가능 ·밝고 따뜻한 조명 ·소통을 위한 환경 **→정서적 지지 강화**
침실	·편리한 침대 높이 ·사용 편의성 강화 ·자연광 활용 ·기억 자극 요소 배치 ·익숙한 환경 조성	**화장 실**	·익숙한 디자인 ·직관적인 인식과 사용 ·집과 유사한 구조 ·창문 설치로 안정감 확보
거실	·편리한 높이와 손잡이 갖춘 가구 ·따뜻한 조명 연출 ·사용하기 쉬운 기기 ·소통과 교류를 위한 공동 공간	**쉼터 및 정원**	·자연과의 교류 ·발코니와 테라스 설치 ·정원에 산책로와 벤치 ·교류와 소통의 장 **→정서적 안정감**

나이 들어 어디서 살 것인가

이제
시니어 가구도 디자인할 때

혼자서도 편리하게! 자립을 돕는 필수 가구

가구는 노인이 자립적인 생활을 유지하는 데 중요한 역할을 한다. 나이가 들며 근력, 시력, 균형 감각이 약해짐에 따라 기본적인 일상 동작조차 수행하기 어려워질 수 있다. 노년을 내 집에서 독립적으로 보내기 위해서는 외부의 도움 없이 생활할 수 있는 환경을 조성하는 것이 필수적이며, 가구는 편의를 제공하고 안전성을 높이며 사고를 예방하는 데 핵심적인 역할을 한다.

의자는 노인이 일상생활에서 자주 사용하는 가구로, 근력이 약해질 경우 앉거나 일어서는 동작이 어려워질 수 있다. 팔걸이가 있는 의자는 일어설 때 안정적인 지지대를 제공해 체중을 분산시켜 주지만, 팔걸이가 없는 의자는 체중 분산이 어려워 부상 위험을 높일 수 있다. **의자의 높이와 깊이도 노인의 체력에 맞춰 조정되어야 한다.** 의자가 너무 낮으면 무릎과 허벅지에 부담을 주고, 너무 깊으면 일어나기 어렵다. 등받이는 허리를 안정적으로 지지할 수 있도록 100~110도의 각도로 설계하는 것이 좋다. 회전 기능이 있는 의자는 균형을 잃기 쉬워, 고정형 의자가 더 안전하다.

침대는 노인이 매일 사용하는 필수 가구로, 일어나고 앉는 동작이 어려워지는 노인에게 안정감을 제공해야 한다. 침대가 너무 낮으면 일어날 때 큰 힘이 필요하고 균형을 잃고 넘어질 위험이 커지며, 반대로 너무 높으면 오르내릴 때 불안정감을 느낄 수 있다. 적절한 침대 높이는 노인이 걸터앉았을 때 발이 바닥에 닿는 정도로, 이는 일어날 때 몸을 지탱하기 쉽도록 돕는다. 침대 옆에 안전바를 설치하면 몸을 지지하며 일어날 수 있어 균형 감각이 약한 노인에게 안전성을 높여준다.

서랍과 문은 노인이 쉽게 여닫을 수 있도록 부드럽게 설계되어야 한다. 노인들은 관절과 근력이 약해 손목에 힘을 주기 어려운 경우가 많기 때문에, 부드럽게 열리고 닫히는 서랍과 문은 손목의 부담을 덜어주며 물건을 꺼내고 보관하는 데 편리함을 제공한다. 손잡이는 충분히 큰 크기와 미끄럼 방지 기능이 있는 재질로 설계되어야 하며, 작거나 미끄러운 재질의 손잡이일 경우 잡기 어렵고 부상의 위험이 커질 수 있다.

이처럼 고령자를 위한 가구는 안전성을 제공하며, 혼자서도 안전하고 독립적인 생활을 유지할 수 있도록 돕는 중요한 요소이다.

나이 들어 어디서 살 것인가

고령자를 위한 가구 선택 요령

의자	**팔걸이**: 안정적인 지지대를 제공해 앉고 일어설 때 체중을 분산
	의자 높이: 너무 낮으면 무릎과 허벅지에 부담, 적당한 높이로 조정
	의자 깊이: 너무 깊으면 일어나기 어려움, 체력에 맞게 조정
	등받이 각도: 허리를 안정적으로 지지하는 100~110도로 설계
	회전 기능: 균형을 잃기 쉬우므로 고정형 의자가 더 안전함
침대	**적정 높이**: 앉았을 때 발이 바닥에 닿는 높이로 설정
	안정감: 너무 낮으면 일어나기 어렵고, 높으면 오르내릴 때 불안정
	안전바 설치: 침대 옆에 안전바를 설치해 몸을 지지하고 균형 유지
	균형 유지: 노인의 체력과 움직임을 고려한 디자인으로 안전성 강화
서랍과 문	**부드러운 작동**: 서랍과 문은 쉽게 열리고 닫히도록 설계
	손목 부담 최소화: 관절과 근력이 약한 노인을 위해 가벼운 힘으로 작동 가능
	안전한 손잡이: 미끄럼 방지 재질, 충분한 크기로 잡기 편리하게 설계
	부상 예방: 작거나 미끄러운 손잡이는 위험하므로 피할 것

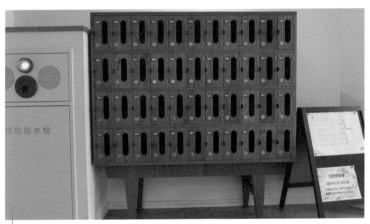

벽은 밝은 색, 가구는 어두운 색으로 배치해 가구의 위치를 쉽게 인식할 수 있도록 디자인했다. 의자는
노인의 신체에 맞게 높이와 깊이를 조정했으며, 나무와 천 같은 부드럽고 따뜻한 재질로 편안함을 더했다.
일본 긴모쿠세이 우라야스의 개인실

가구 위치를 한눈에! 자립을 돕는 색채의 힘

나이가 들면서 시각, 촉각, 청각 등 감각이 약해지는 것은 가구 디자인에 꼭 고려해야 할 중요한 요소이다. 노인이 혼자 생활하는 공간에서 가구를 쉽게 인식하고 사용할 수 있도록, 직관적이고 명확한 디자인이 필요하다. 이러한 디자인은 노인들이 가구나 물체를 쉽게 식별하고 안전하게 사용할 수 있도록 돕는 동시에, 자립적인 생활을 유지할 자신감을 준다. 반대로, 감각 약화를 고려하지 않은 디자인은 불편을 초래하고 사고 위험을 높일 수 있다.

노화로 인해 시력이 저하되면서 색 구분 능력이 약화되어 파란색과 녹색처럼 유사한 색을 구별하기 어려워질 수 있다. 이를 해결하려면 가구와 공간의 경계를 분명히 하고, 대비되는 색상을 활용하여 물체의 위치를 쉽게 파악할 수 있도록 해야 한다. 명확한 색상 대비는 혼란을 줄이고 사고를 예방하는 데 효과적이다.

고대비 색상은 물체와 주변 환경을 구분하는 데 유용하며, 노인이 가구의 위치를 쉽게 식별할 수 있도록 돕는다. 벽과 가구, 바닥과 가구의 색상을 뚜렷하게 대비되게 설정하면 가구의 위치를 명확히 파악할 수 있어 혼란을 줄이고 안전성을 높이는 데 기여한다.

벽은 밝은 색으로, 가구는 어두운 색으로 배치하면 가구의 위치를 쉽게 인식할 수 있다. 반대로 벽과 가구의 색이 유사하면 경계가 모호해져 부딪힐 위험이 커진다. 바닥과 가구의 색 대비가 명확하면 의자나 테이블의 위치를 쉽게 식별할 수 있어 넘어짐 사고를 예방할 수 있다. 계단이나 문턱처럼 높낮이 차이가 있는 곳에 고대비 색상을 적용하면 작은 높이 차이도 쉽게 인식할 수 있어 낙상을 예방하는 데 효과적이다.

사물의 윤곽을 강조하는 것도 효과적인 디자인 기법이다. 가구나 물체의 경계 부분에 밝은 색을 사용하거나 문틀과 바닥을 대비되는 색으로 처리하면 물체의 위치를 더 명확히 인식할 수 있다. 이러한 색상 대비는 공간 이동과 물체 사용을 안전하게 만들어 주며, 물체의 경계를 분명히 인식함으로써 실내에서 부딪히거나 다치는 일을 줄이고 편리함을 제공한다.

벽과 가구, 바닥과 가구의 색을 선명하게 구분하면 노인이 가구와 공간을 쉽게 인식할 수 있다. 이러한 색상 대비는 가구를 더 쉽게 찾고 사용할 수 있도록 도와주며, 안전하고 자신감 있는 생활을 가능하게 한다.

작은 디테일이 큰 편안함을 좌우한다

나이가 들면서 피부가 얇아지고 감각이 예민해져 온도 변화에 더욱 민감해진다. 이러한 변화로 인해 노인들은 가구의 재료와 질감에 민감하게 반응하게 된다. 식탁의 차가운 유리 표면은 시각적으로도 차갑게 느껴지며, 팔이 닿을 때 시린 감각을 일으켜 불편함을 유발할 수 있다. 따라서 노인이 사용하는 가구는 따뜻하고 부드러운 재질로 만들어져야 하며, 이를 통해 시용 시 불쾌감을 줄이고 신체에 가해지는 부담을 최소화할 수 있다.

특히 금속 재질을 사용할 때는 신중함이 필요하다. 금속은 내구성이 뛰어나 가구에 자주 쓰이지만, 겨울철 차가운 촉감은 노인에게 불쾌감을 줄 수 있다. 손잡이나 팔걸이처럼 자주 접촉하는 부위에 금속을 사용하면 노인이 불편함을 느끼기 쉬우므로, 이러한 부위는 나무나 천과 같은 따뜻한 소재로 대체하는 것이 좋다.

나무와 천은 촉감이 부드럽고 따뜻하여 노인들이 편안하게 느끼는 재질이다. 나무는 자연스러운 촉감으로 쾌적함을 주며, 겨울철에도 차갑지 않아 부담 없이 사용할 수 있다. 나무로 만든 의자나 손잡이는 따뜻한 느낌을 유지해 안정감을 주며, 소파나 의자의 쿠션에 사용되는 천은 부드러운 감촉과 통기성 덕분에 장시간 사용해도 피부에 부담을 주지 않는다. 패브릭은 여름에는 시원하고 겨울에는 따뜻함을 제공하여 사계절 내내 쾌적한 사용이 가능하다.

연구에 따르면 나무와 같은 자연 재료는 실내 환경을 따뜻하고 안정적으로 만들어 스트레스를 줄이고 편안함을 유도하는 데 효과적이다. 이러한 효과는 특히 노인들에게 유익하며, 심박수와 혈압을 낮추는 데도 기여한다. 나무가 사용된 공간은 정서적 안정감을 제공해 노인들이 불안감을 덜 느끼고 공간을 더 친근하게 느끼도록 돕는다.

벽면의 목재 비율이 30%일 때 노인들이 가장 안정감을 느끼는 것으로 나타났으며, 90%일 때는 심박수와 혈압이 낮아지면서 안정감이 크게 향상된다는 연구 결과가 있다.

곡선형 디자인은 물리적 안전성과 심리적 안정감을 제공하는 데 중요한 역할을 한다. 노인들은 균형 감각과 이동 능력이 약해져 날카로운 모서리를 가진 가구에 타박상이나 찰과상 등 부상을 당하기 쉽다. 따라서 테이블이나 의자 같은 가구는 둥글고 부드러운 곡선으로 설계해야 한다.

곡선형 디자인은 부상을 방지하고 공간 내에서 더 안전하게 이동할 수 있도록 돕는 동시에, 심리적 안정감에도 긍정적인 영향을 준다. 사람들은 각진 모서리보다 부드러운 곡선에서 더 편안함을 느끼며, 이는 불안감을 줄이는 데 효과적이다. 예를 들어, 둥근 모서리를 가진 소파는 시각적으로 부드럽고 따뜻한 느낌을 주어 노인들이 편안한 생활을 할 수 있도록 돕는다.

시니어 가구는 촉감적으로 편안하고 안전하도록 설계되어야 한다. 차가운 금속 대신 따뜻한 나무와 패브릭 같은 재질을 적극적으로 사용하면 노인들에게 심리적 안정감과 물리적 안전성을 동시에 제공할 수 있다.

시니어 가구 선택 시 주의점

따뜻한 재질 사용	·차가운 금속 대신 나무와 패브릭을 사용 ·나무는 자연스러운 촉감과 따뜻한 느낌을 제공 ·패브릭은 부드러운 감촉과 통기성으로 장시간 사용에 적합
금속 소재 최소화	·금속은 겨울철 차가운 촉감으로 불쾌감을 유발 ·손잡이와 팔걸이에는 나무나 패브릭과 같은 따뜻한 소재 사용
곡선형 디자인	·날카로운 모서리를 없애고 둥근 형태로 설계 →**부상 위험을 줄이고 심리적 안정감을 제공**
촉감과 온도 고려	·식탁이나 의자는 부드럽고 따뜻한 재질로 제작 ·여름에는 시원하고 겨울에는 따뜻함을 유지할 수 있는 소재 활용
정서적 안정감 강화	·벽면의 목재 비율이 30%일 때 정서적 안정감 최상 ·벽면의 목재 비율이 90%일 때 심박수와 혈압 저하
시각적 부드러움	·둥근 모서리와 부드러운 곡선 형태로 시각적 안정감을 유도 ·곡선형 소파와 테이블은 편안한 생활 경험을 제공
안정성을 겸비	·피부에 부담 없는 재질을 선택해 신체적·심리적 안정감을 동시에 고려

"곡선형 디자인은 안전과
심리적 안정감을 더해 노인들에게
편안함을 선사한다."

매일매일
성장하는 식물이 약이다

방울토마토 화분이 알려준 것

어느 날, 한 어르신의 아파트를 방문했을 때 복도에 작은 정원을 연상케 할 만큼 다양한 화분이 놓여 있었다. 호박, 가지, 고추, 깻잎, 방울토마토 등 정성껏 키운 식물들이 복도를 따라 늘어서 있었고, 그 생명력은 집 안 베란다까지 이어져 푸르게 자라고 있었다.

방울토마토 화분을 보고 어르신의 건강을 위해 키우시는 거라 짐작하며 "따서 드시나요?"라고 묻자, 예상치 못한 답이 돌아왔다.

"아니, 심심해서 키우는 거야! 주변에 나눠주려고 해."

그 한마디에서 외로움과 이웃을 향한 따뜻한 마음이 느껴졌다. 어르신은 식물이 자라는 모습을 지켜보며 씨앗이 싹을 틔우고 열매를 맺는 생명의 순환을 통해 삶의 소중함을 새롭게 깨닫고 있었다. 또한, 그 결실을 이웃과 나누며 자연과 함께하는 기쁨을 만끽하고 있었다.

식물을 돌보는 일은 노인들에게 특별한 의미를 가진다. 은퇴 후 사회적 역할이 줄어들었더라도, 식물을 키우고 돌보는 과정에서 여전히 무언가를 성취할 수 있다는 자부심과 작은 기쁨을 얻을 수 있다. 작은 화분에서 자란 열매를 수확하는 경험은 소소하지만 큰 보람을 안겨주며, 일상 속 작은 성취감을 선사한다.

노인의 일상은 자칫 단조롭기 쉬운데, 식물은 매일 새로운 변화를 통해 활력을 제공한다. 씨앗이 싹을 틔우고 자라 열매를 맺는 과정은 노인들에게 삶의 의미와 활력을 되찾게 하며, 고립감을 줄여주는 역할을 한다. 이러한 작은 성취는 일상에 생기를 더하고, 긍정적인 에너지를 준다.

또한, 자신이 키운 열매를 가족이나 이웃과 나누며 타인과 소통하는 기회를 만든다. 이 작은 나눔은 정서적 유대감을 형성하고 외로움을 덜어준다. 특히, 단조로운 일상 속에서 직접 기른 작물을 나누는 것은 사람들과의 관계를 더욱 돈독히 하는 매개체가 된다.

노년기에는 새로운 변화를 만들어내기 어렵고, 역할이 줄어들며 자존감이 낮아질 수 있다. 하지만 식물을 돌보고 열매를 수확하는 경험은 자립심과 성취감을 높여준다. 식물의 성장을 통해 변화와 성취를 경험하며, 자신이 여전히 의미 있는 존재임을 확인하게 된다.

직접 키운 깻잎, 고추, 토마토 같은 식용 식물을 수확해 먹는 기쁨은 경제적 이득과 함께 큰 성취감을 더해주며 노인들에게 활력과 긍정적 에너지를 제공한다.

식물 키우기, 나를 돌보는 운동

식물을 키우는 일은 노인들의 일상에 자연스러운 변화를 가져다 준다. 매일 물을 주고 가지를 다듬고, 햇빛이 잘 드는 쪽으로 화분을 옮기는 활동은 특별한 외출이나 일정 없이도 몸을 움직이게 하며, 규칙적인 리듬을 형성한다. 이러한 일상적인 활동은 신체 기능을 유지하고 운동 부족을 보완하는 데 큰 도움이 된다.

나이가 들수록 신체 기능이 약해지고 움직임이 줄어들기 쉬운데, 운동이 부족하면 근육이 약해지고 관절이 굳으며 유연성이 저하되어 건강이 나빠질 수 있다. 식물을 돌보는 일은 강도 높은 운동은 아니지만, 물을 주고 가지를 다듬는 소근육 활동과 화분을 옮기고 정리하는 대근육 운동이 자연스럽게 결합되어 있다. 이렇게 강압적이지 않으면서도 자연스럽게 이루어지는 움직임은 근력과 유연성 유지에 도움을 준다.

신체적 제약이 있는 노인도 식물 돌보기에 쉽게 참여할 수 있다면 더 큰 효과를 기대할 수 있다. 예를 들어, 휠체어 사용자가 접근할 수 있도록 설계된 플랜터(식물 재배 용기)는 하부 공간을 확보해 휠체어를 탄 상태에서도 손쉽게 접근하고 손이 닿을 수 있도록 한다. 이를 통해 휠체어를 타는 노인도 식물을 돌보며 근력과 유연성을 유지하고, 반복적인 손과 팔의 움직임으로 대근육과 소근육을 자극할 수 있다.

식물을 돌보는 또 다른 장점은 운동에 대한 부담감 없이 신체 활동을 유지할 수 있다는 것이다. 물을 주거나 가지를 다듬으며 손과 팔을 움직이고, 흙을 만지며 화분을 옮기는 활동은 손목과 손의 유연성을 높이는 데 효과적이다. 어깨와 팔을 부드럽게 움직이면서 관절의 경직을 방지하고, 혈액 순환을 촉진해 신체 건강에 긍정적인 영향을 미친다.

특히, 실외에서 식물을 키우는 경우 신선한 공기와 햇빛도 함께 누릴 수 있다. 햇빛은 비타민 D를 생성해 면역력을 높이고, 야외 활동은 신체뿐 아니라 정신 건강에도 긍정적인 영향을 미친다.

| 식물을 돌보는 것은 노인들이 운동에 대한 부담 없이 신체 활동을 자연스럽게 유지할 수 있는 장점이 있다.

결국, 식물을 돌보는 일은 자연스럽게 몸을 움직이게 하여 근력과 유연성을 강화하는 동시에 일상에 활력을 불어넣는 중요한 활동이 된다. 이러한 작은 움직임들이 모여 노년의 삶을 더욱 건강하고 활기차게 만들어 준다.

자연은 치매를 이긴다

자연은 질병의 치유와 회복을 돕는 강력한 요소다. 신경건축학Neuroarchitecture은 신경과학과 건축학이 결합한 학문으로, 인간의 뇌와 감각이 공간과 환경에 어떻게 반응하는지 연구하여 건강과 행복을 증진하는 환경을 설계한다.

연구에 따르면, 자연 풍경이 보이는 병실의 환자들은 그렇지 않은 병실의 환자들보다 더 빠르게 퇴원하는 경향을 보인다. 자연과의 접촉은 스트레스를 줄이고 마음을 안정시켜 회복 과정을 촉진하는 효과가 있다.

이와 관련해 최근 건축물은 '바이오필릭 디자인Biophilic Design'을 통해 자연을 느낄 수 있는 공간을 제공함으로써 심리적 안정과 치유 효과를 강화하고 있다. 식물과 자연 요소가 있는 공간은 스트레스를 줄이고 정서적 안정을 도모하며, 특히 외로움을 느끼기 쉬운 노인에게 큰 효과를 발휘한다. 나무가 흔들리는 모습이나 새소리 같은 자연의 소리는 편안함을 주며, 자연과의 교감을 통해 노인은 불안이 줄어들고 마음의 평화를 얻을 수 있다.

자연은 다양한 감각을 자극해 신경계를 활성화한다. 식물의 향기는 심호흡을 유도해 긴장을 완화하고, 흙을 만지거나 식물을 가꾸는 활동은 신체 감각을 자극하여 뇌를 활성화시킨다. 이러한 감각 자극은 신경계가 약해지기 쉬운 노인에게 특히 긍정적 영향을 미친다.

또한, 자연은 생명력을 상징하며 자연 속에서 시간을 보내는 것은 활력과 생명력을 되찾게 한다. 자연의 순환과 리듬을 통해 노인은 변화와 성장을 경험하며 정서적 안정과 심리적 회복을 얻는다.

자연 요소는 치매 예방에도 중요한 역할을 한다. 자연의 향기와 색감은 기억을 자극해 치매 환자에게 안정감을 주며, 식물과의 상호작용은 인지 기능을 자극하고 신경계를 활성화하는 데 도움을 준다. 자연과 함께하는 경험은 뇌의 신경 활동을 촉진해 치매 진행을 늦추고, 자연의 소리와 향기는 인지 기능을 강화한다.

노인의 주거 환경에 자연 요소를 반영하면 치유와 회복을 촉진할 뿐만 아니라 삶의 질을 높이는 데 중요한 수단이 될 수 있다.

돌봄의
틀에서 벗어나라!

맞춤형 돌봄! 요양시설의 신세계

과거 요양시설에서는 입소자를 돌봄의 대상으로만 여겨, 개별적 특성을 무시하고 정해진 규칙에 따라 획일적인 서비스를 제공하는 경우가 많았다. 이로 인해 입소자들은 각자의 다양한 배경과 개성을 존중받지 못한 채, 모두 동일한 일정과 활동에 맞춰야 했으며, 자율성과 개인적 요구가 제대로 반영되지 못했다.

그러나 요양시설을 찾는 사람들은 저마다 다른 삶의 배경과 고유한 이야기를 지니고 있다. 이에 따라 돌봄 역시 입소자의 개별적 특성을 존중하고 맞춤형으로 제공될 필요가 있다.

입소자의 존엄성과 자율성을 지키기 위해서는 획일적인 서비스가 아닌, 맞춤형 돌봄이 중요하다. 입소자들은 각기 다른 삶의 경험과 생활 방식을 갖고 있으며, 지역 사회와 자연 속에서 살아오며 형성된 고유한 개성을 지니고 있다. 이러한 개별성을 존중하는 돌봄이 이루어질 때, 입소자는 더 큰 존엄감을 느끼고 자신의 일상을 주도할 수 있게 된다. 돌봄은 신체적 보조를 제공하는 것을 넘어, 입소자의 생활 리듬과 자율성을 지켜주는 방식으로 이루어져야 한다.

특히, 입소자가 **식사 시간이나 여가 활동을 스스로 선택할 수 있도록 하는 자율적인 돌봄은 삶의 주도권을 회복하는 데 중요한 요소다.** 과거에는 입소자가 정해진 시간에 맞춰 식사하고 활동해야 했지만, 이제는 개인의 생활 리듬에 따라 자유롭게 생활할 수 있도록 보장하는 돌봄이 요구된다. 이러한 변화는 입소자가 더욱 존엄한 삶을 영위하고 자신의 일상을 능동적으로 조율할 수 있는 자유를 누릴 수 있게 한다.

요양시설은 생활단위를 소규모로 구성하여 보다 개인화된 돌봄을 제공할 필요가 있다. 대규모 시설에서는 입소자 개개인의 요구를 세심하게 반영하기 어려우며, 모든 입소자가 동일한 생활 방식을 따르게 되어 개인의 고유한 요구와 생활 방식이 제대로 존중받지 못한다. 소규모 생활단위는 입소자들 간의 유대감을 강화하고, 가정적인 환경에서 심리적 안정감을 얻을 수 있게 한다. 이러한 환경은 입소자의 정서적 안정을 돕고, 개별적 요구를 세심하게 반영한 맞춤형 돌봄을 가능하게 한다.

입소자의 프라이버시와 안전이 보장되는 개인 공간 또한 필수적이다. 1인실을 제공함으로써 입소자는 자신의 공간에서 생활 리듬과 독립성을 유지할 수 있다. 일본의 요양시설은 1인실을 도입해 입소자의 프라이버시와 안전을 보장하고 있으며, 현재는 면적을 조정하면서까지 1인실을 기본으로 하고 있다. 초기에는 8인이 한 방을 사용했으나, 1990년대부터 1인실이 도입되었고, 2003년부터는 1인실이 의무화되었다. 자신의 공간이 침대Bed에서 침실Bedroom이 된 것이다. 1인실은 입소자의 심리적 안정감을 높이고, 맞춤형 돌봄을 제공하기 위한 필수적인 조치다. 또한 감염 예방과 의료적 관리 측면에서도 유리하여 입소자의 건강과 안전을 보장하는 데 중요한 역할을 한다.

이처럼, 기존의 획일적인 돌봄 시스템에서 벗어나 입소자가 능동적으로 자신의 생활을 주도할 수 있도록 지원하는 맞춤형 돌봄은 그들의 정신적·정서적 건강을 증진하는 데 크게 기여한다. 입소자는 자신의 결정이 존중받고, 개별적 필요에 맞춘 돌봄을 받으면서 삶의 질을 한층 더 높일 수 있다.

요양시설은 입소자를 단지 돌봄의 대상으로만 보지 않고, 개별적 필요와 자율성을 존중하는 맞춤형 서비스를 제공하여 고령자의 존엄성과 삶의 가치를 지키는 방향으로 나아가야 한다.

일본 요양시설은 1990년대부터 1인실을 도입했으며, 2003년부터 이를 의무화해 입소자가 독립성과 생활 리듬을 유지할 수 있도록 하고 있다.

익숙한 환경이 주는 힘

네모난 건물
잠긴 철문
적막이 흐르는 거실엔 고독이 스며든다.
닫힌 문 너머
끊어진 대화들
우리는 함께 있어도 혼자 살아간다. _〈고독의 집〉, 김경인

   요양시설은 오랫동안 돌봄이 필요한 고령자를 보호하고 지원하는 공간으로 여겨져 왔지만, 궁극적으로는 고령자가 일상을 살아가는 '삶의 터전'이 되어야 한다. 시설이 아닌 집과 같은 공간으로 인식되며, 입소자가 머무는 '또 다른 집'의 역할을 해야 한다.

   과거 요양시설은 고령자의 안전을 이유로 폐쇄적이고 통제된 환경을 제공해왔다. 외부와의 접촉이 제한되고, 정해진 시간에만 외출이 허용되면서, 입소자들은 지역 사회와 단절되고 심리적 고립과 정서적 위축을 경험했다.

   그러나 요양시설이 진정한 삶의 터전이 되기 위해서는 지역 사회와 자연스러운 연결이 필요하다. 입소자가 지역 주민과 교류하고 커뮤니티 활동에 참여할 수 있도록, 요양시설은 주거 지역 가까이에 위치해 지역과 상호작용할 수 있어야 한다. 이러한 개방성은 입소자가 지역 사회의 일원으로서 사회적 역할을 재확립하게 하고, 시설 내

생활에 활력과 의미를 더한다.

입소자에게 자율적인 일상생활을 보장하는 환경을 제공하는 것도 중요하다. 과거의 요양시설은 정해진 일정과 규칙에 따라 운영되며 입소자들이 자율성을 발휘하기 어려웠다. 이제는 입소자가 스스로 결정을 내리고 일상을 주도할 수 있는 자율성을 보장해야 한다. 식사 준비, 청소, 세탁 같은 일상적인 활동을 통해 자립심을 유지할 수 있도록 지원하면, 입소자는 자신이 원하는 방식으로 하루를 계획하고 필요한 최소한의 지원만을 받으면서 자립적인 생활을 이어갈 수 있다. 이러한 자율적 환경은 입소자의 자존감을 높이고, 삶에 대한 긍정적 태도를 증진시킨다.

개인화된 생활 공간 제공도 요양시설을 고령자를 위한 '보통의 삶의 터전'으로 변화시키는 중요한 요소다. 과거에는 입소자의 개성과 취향을 반영할 기회가 부족해 수동적인 돌봄 공간으로 느껴지기 쉬웠다. 앞으로의 요양시설은 입소자가 자신의 공간을 꾸미고, 취향과 선호를 반영할 수 있도록 장려해야 한다. 이를 통해 입소자는 자신이 시설에 '수용된 것'이 아니라 '자신의 집에서 생활하는 것'처럼 편안함을 느낄 수 있을 것이다.

특히 치매와 같은 질환을 앓고 있는 입소자에게는 익숙한 물건과 환경이 정서적 안정감을 제공한다. 개인의 물건을 통해 일상의 연속성을 느끼고 자신만의 공간에서 자유롭게 생활할 수 있을 때, 입소자는 시설에 더 쉽게 적응하며 혼란과 불안감을 줄일 수 있다. 결국 요양시설은 '돌봄의 장소'가 아닌 입소자들의 '또 다른 집'이 되어야 한다.

스스로 삶을 선택하는 사람들

'긴모쿠세이 우라야스銀木犀 浦安'는 2016년에 설립된 일본의 서비스 지원형 고령자 주택으로, 입소자의 자율성을 최대한 보장하는 것을 철학으로 삼고 있다. 과거의 돌봄 시설이 입소자의 안전을 이유로 외출을 금지하거나 행동을 제한했던 것과 달리, 긴모쿠세이 우라야스는 입소자의 자유를 존중하여 치매 환자도 자유로운 외출이 허용된다.

현관문을 잠그지 않아 입소자들이 평소의 생활 습관을 최대한 유지할 수 있다는 게 이 시설의 가장 큰 특징이다. 긴모쿠세이 우라야스는 **고령자가 자신에게 익숙한 생활 방식을 유지하는 것이 삶의 질을 높이는 데 중요하다고 보고 있다.**

입소자는 술을 마시거나 담배를 피울 수 있으며, 스스로 돌볼 수 있다면 반려동물과 함께 생활할 수도 있다. 이러한 자율적인 환경은 입소자가 삶에 선택권과 책임을 부여하며, 더욱 건강하고 행복하게 생활하도록 돕는다.

긴모쿠세이 우라야스의 자율성 보장은 자유로운 행동을 허용하는 데 그치지 않고, **입소자가 신체 기능을 유지하고 회복할 수 있는 환경을 조성하는 데에도 초점을 맞추고 있다.** 많은 돌봄 시설이 입소자의 활동을 제한하는 것과 달리, 이곳에서는 입소자가 스스로 일상 활동을 하도록 격려한다. 가령, 식사 시간에는 입소자가 스스로 음식을 가져가도록 하여 활동할 기회를 제공하고, 이를 통해 신체 기능 유지에 도움을 주는 식이다.

이러한 환경은 돌봄을 받는 수동적 생활에서 벗어나 능동적인 생활을 가능하게 한다. 실제로, 요양 등급이 높아 대부분의 시간을 누워 지내던 한 입소자는 자립적으로 생활하는 다른 입소자들의 모습에서 자극을 받아 자율적인 생활을 시작했고, 점차 활력을 되찾았다.

또한, 긴모쿠세이 우라야스는 입소자들이 외롭지 않게 생활할 수 있도록 지역 사회와 교류하는 다양한 활동을 마련하고 있다.

시설 현관에 '막과자 가게'를 운영해 지역 주민, 특히 아이들이 자주 방문할 수 있도록 하고, 입소자가 가게 운영에 참여해 자연스럽게 타인과 소통할 기회를 제공한다. 이 외에도 매일 10명 한정으로 지역 주민들에게 식사를 제공하며, 입소자와 함께 식사할 수 있는 자리를 마련한다. 또한 연례 축제에서는 입소자들이 주민들에게 음식을 대접하거나 물품을 반액으로 판매하는 등 여러 교류 활동을 통해 입소자의 정서적 안정감과 사회적 소속감을 높이고 있다.

이 시설은 입소자가 자신의 필요에 맞는 서비스만 선택할 수 있도록 하여, 개별화된 맞춤형 서비스를 제공한다. 왕진 진료, 약 복용 서비스, 목욕 서비스 등은 각 입소자의 요구에 따라 선택적으로 제공된다. 이를 통해 불필요한 서비스를 배제하고 자율성을 유지하며 생활할 수 있도록 지원한다.

긴모쿠세이 우라야스의 자율적인 환경과 맞춤형 서비스는 입소자들에게 긍정적인 변화를 가져왔다. 한 입소자는 암이 20군데로 전이된 상태로 입주했으나, 자유롭고 긍정적인 생활 덕분에 4개월 만에 암이 3군데로 줄어들었고, 결국 완치되었다. 이는 자율성과 정신적 안정이 건강에 미치는 긍정적 영향을 보여주는 사례다. 또 다른 입소자는 심각한 담배 중독이 있었지만 시설의 개입 없이 마지막까지 자기 삶의 주체로서 자신만의 생활 방식을 유지하며 살아갔다.

긴모쿠세이 우라야스는 요양시설이 돌봄을 제공하는 곳을 넘어, 입소자의 자립을 지원하고 그들이 주체적으로 살아갈 수 있는 진정한 삶의 터전으로 변화해야 한다는 사실을 보여준다.

'긴모쿠세이 우라야스'는 요양시설은 주택가에 소규모로 자리해 지역 주민과 교류할 수 있으며
익숙한 환경 속에서 정서적 안정을 제공하고 사회적 활력을 더한다.

치매에는
특별함이 오히려 독이다

폐쇄된 병동이 아닌, 평범한 공간으로

치매 환자의 생활 공간은 보호와 통제만을 위한 폐쇄적 병동이 아니라, 자유롭게 움직이며 활동할 수 있는 평범하고 일상적인 환경이어야 한다. 과거의 치매 요양시설은 환자가 외부 위험을 피하고 안전하게 지낼 수 있도록 설계되었다. 출입문을 잠그고, 복도와 구역마다 CCTV를 설치하여 환자의 움직임을 제한하는 방식이 일반적이었다면 지금은 많이 달라졌다. 보호 조치는 환자의 안전을 위한 것이었지만, 지나친 통제와 폐쇄적인 환경은 심리적, 정서적으로 부정적인 영향을 미칠 수 있다.

특히 폐쇄적인 환경에서는 치매 환자가 사회와의 연결이 단절되고

나이 들어 어디서 살 것인가

외부 세계로부터 고립되었다고 느끼기 쉽다. 이러한 상황은 고립감과 우울감을 유발해 환자의 심리적 위축을 초래하고 불안을 더욱 심화시킬 수 있다.

사회적 교류와 외부 자극은 치매 환자의 인지 기능을 유지하고 정서적 안정감을 제공하는 데 중요한 역할을 한다. 반대로, 교류와 자극이 부족한 환경에서는 환자가 고립감을 느껴 치매 증상이 악화될 가능성이 크다. 결국, 이러한 폐쇄적이고 제한된 환경은 환자들의 삶의 질을 크게 떨어뜨릴 수 있다.

이러한 문제점을 해결하고자 네덜란드의 '호그벡Hogeweyk 마을'은 치매 환자들에게 새로운 개념의 공간을 제시했다. 이곳은 마치 하나의 작은 마을처럼 설계되어, 치매 환자들이 폐쇄된 병동 대신 마을의 일원으로 일상생활을 영위할 수 있는 환경을 제공한다.

호그벡 마을에서 치매 환자들은 슈퍼마켓, 카페, 미용실, 공원 등 다양한 시설을 자유롭게 이용하며, 마치 자신의 집과 동네에서 생활하듯 자연스럽게 하루를 보낸다. 예를 들어, 환자들은 슈퍼마켓에서 필요한 물건을 직접 고르고, 카페에서 친구나 가족과 커피를 마시며 대화를 나누고, 미용실에서는 자신이 원하는 스타일로 머리를 손질하며, 공원에서는 자유롭게 산책을 즐긴다.

이와 같은 환경은 치매 환자에게 정서적 안정감을 제공하며, 자신이 여전히 사회의 일원임을 느끼게 해준다. 특히, 마을의 구조와 분위기가 환자가 자유롭게 돌아다니고 교류할 수 있도록 설계되어 있어, 환자가 능동적으로 일상에 참여하며 자신감을 되찾을 수 있다.

이는 환자의 정서적 만족도를 높이고, 치매 증상의 진행을 늦추는 데 긍정적인 영향을 미친다.

개방적이고 자유로운 환경은 치매 노인들이 '환자'가 아니라 사회 구성원으로서 일상적인 삶을 살아가고 있다고 느끼게 해준다. 이러한 환경은 치매 환자에게 심리적 위안을 제공하고, 외부 세계와 지속적으로 연결되어 있다는 것을 느끼게 하며, 정서적 안정과 함께 인지 기능을 유지하는 데 도움을 준다.

인지 기능이 점차 저하되는 상황에서도 개방적 환경에서 일상생활을 하는 것은 치매 증상의 악화를 늦추고, 환자들의 삶의 질을 향상시키는 데 중요한 역할을 한다. 따라서 치매 환자를 위한 공간은 자율성과 존엄성을 유지할 수 있도록 구성되어야 한다.

호그벡 마을, 치매를 이해하는 공간

치매 환자에게 자립성을 유지하는 것은 존엄성을 지키는 일과 같다. 자립성은 환자가 스스로 결정을 내리고 자신의 능력에 맞는 활동을 할 때 유지된다. 신체적 활동뿐 아니라 정서적 자립도 중요한데, 이는 환자의 자기효능감을 회복하며 치매 진행을 늦추는 긍정적인 효과를 가져온다.

과거 요양시설에서는 환자가 스스로 할 수 있는 일조차 간병인이 대신하는 경우가 많았다. 식사 준비, 청소, 개인 위생 관리 등 기본적인 일상 활동을 간병인이 수행하면서 환자는 스스로 몸을 움직여 생활할 기회를 상실하게 된다. 이는 무력감을 심화하고 자기효능감을 떨어뜨린다. 자기효능감은 자신이 특정 활동을 성공적으로 수행할 수 있다는 믿음으로 자존감과 밀접하게 연결된다. 치매 환자에게 자립성을 부여하는 것은 자기효능감 회복에 중요한 요소다.

호그벡 마을은 치매 환자가 스스로 생활할 수 있는 다양한 기회를 제공하는 환경을 조성했다. 환자들은 요리, 청소, 세탁 등 가사 활동을 직접 수행하며, 간병인은 환자가 어려움을 겪을 때만 지원하여 자율성을 최대한 유지하도록 돕는다. 이러한 환경은 환자가 능동적으로 일상에 참여하며 자신감을 회복하고, 삶의 주체로서 자존감을 되찾는 데 큰 도움을 준다.

자립적인 활동은 치매 환자가 자신의 삶에 대한 통제권을 되찾도록 도와주며, 이를 통해 정신적 안정과 만족감을 얻을 수 있게 한다. 자립성은 일상생활을 유지하면서, 정서적 안정과 심리적 회복을 지원하는 중요한 역할을 한다. 이러한 자립적인 환경은 치매의 진행을 늦추고 환자들의 삶의 질을 향상하는 데 큰 기여를 한다.

치매 환자라고 취향이 없을까?

치매 환자는 새로운 환경에 적응하기 어려워하며, 특히 인지 기능이 저하된 경우 낯선 공간에서 혼란과 불안을 느낄 가능성이 높다.

따라서 환자의 취향과 삶의 방식을 반영한 맞춤형 환경이 필요하다. 이러한 환경은 과거 경험과 개인의 취향을 기반으로 심리적 안정감을 제공하여 새로운 환경에서 느낄 수 있는 혼란을 줄이는 데 도움을 준다.

호그벡 마을은 다양한 형식의 주거 공간을 제공해 환자 개개인의 취향과 삶의 방식을 존중한다. 네덜란드 전통 양식부터 현대적 스타일까지 다양한 주택 형식이 마련되어 있어 환자 자신에게 익숙한 환경을 선택할 수 있다. 주택 내부의 가구, 벽지, 음악, 식기 등도 각자의 취향에 맞춰 조정된다. 6~8명의 환자가 함께 생활하는 각 주거 공간은 각자가 살아온 방식에 따라 상류층 스타일Goois, 가정적 스타일Homey, 기독교 스타일Christian, 장인 스타일Artisan, 인도네시아 스타일Indonesian, 문화적 스타일Cultural로 구성되어 환자가 자율성과 존엄성을 유지하며 생활할 수 있도록 돕는다.

환자가 사용했던 개인 소지품이나 추억이 담긴 물건을 주거 공간에 배치하는 것도 중요하다. 이러한 물건은 익숙한 느낌을 주어 심리적 안정감을 제공하며, 과거의 기억을 상기시키고 자신의 정체성을 유지하도록 돕는다. 이를 통해 환자는 낯선 환경에서 느끼는 불안감을 줄이고, 자신만의 취향과 경험이 반영된 공간에서 편안하게 생활할 수 있다.

맞춤형 환경은 치매 환자의 경험과 기억을 반영해 정서적 안정감을 제공한다. 환자가 익숙한 요소로 가득한 공간에서 생활하면 심리적 안정감을 느끼고, 일상에서 보다 편안함을 느낄 수 있다. 이러한

나이 들어 어디서 살 것인가

환경은 치매의 진행을 늦추는 데도 긍정직인 영향을 미친다.

사회적 교류 역시 치매 환자에게 매우 중요하다. 호그벡 마을에서는 음악 동아리, 미술 활동, 요가 클래스 등 다양한 사회적 활동 프로그램을 제공하여, 환자들이 교류하고 새로운 경험을 쌓을 기회를 마련함으로써 치매 환자들의 정서적 안정감과 사회적 소속감을 강화한다.

이처럼 치매 환자의 생활 공간은 존엄성과 자립성을 유지할 수 있도록 개방적이고 자율적이며 맞춤형으로 구성되어야 한다. 사회와의 연결을 유지하고 자신의 능력을 발휘하며, 개개인의 취향을 존중받는 환경에서 생활할 때 치매 환자의 삶의 질은 크게 향상될 것이다.

보통의 틀을 깨다, 유니버설 디자인

입구부터 계단까지, 누구나 편리하게

유니버설 디자인Universal Design(범용 디자인)은 나이, 성별, 신체 능력, 장애 유무에 관계없이 누구나 공평하게 사용할 수 있도록 설계된 디자인 방식을 말한다. 유니버설 디자인과 함께 언급되는 개념인 배리어 프리 디자인Barrier-Free Design(무장애 디자인)은 장애인이나 노약자가 공간을 이용할 때 겪는 물리적·심리적 장벽을 제거해 접근성과 편의성을 높이는 것을 목표로 한다. 유니버설 디자인이 누구나 사용할 수 있는 보편적 사용을 지향한다면, 배리어 프리 디자인은 특히 장애 극복에 초점을 맞추고 있다.

이러한 디자인 방식은 고령 사회에서 더욱 중요한 역할을 하게 되었다. 고령자가 아니더라도 공공 공간을 이용할 때 물리적 장벽을 마주하면 사회적 불평등이 초래될 수 있다.

대표적인 물리적 장벽으로는 높은 문턱, 좁은 통로, 가파른 경사로, 미끄러운 바닥 등이 있다. 예를 들어, 휠체어 사용자는 단 3cm의 문턱도 큰 장애물로 느낄 수 있으며, 보행 보조기를 사용하는 노인이나 유모차를 미는 부모에게도 불편함을 준다. 따라서 유니버설 디자인은 이러한 물리적 장벽을 제거하여 모든 사람이 평등하게 접근할 수 있는 공간을 만드는 것을 목표로 한다.

초고령 사회에서 고려해야 할 유니버설 디자인의 요소는 다음과 같다.

우선, 공공건물의 출입구에는 반드시 경사로를 설치해야 한다. 휠체어나 유모차를 사용하는 사람들이 쉽게 접근할 수 있도록 자동문을 설치하고, 경사로의 기울기를 최대 1/12로 설계하되, 가능하면 더 완만하게(1/14 또는 1/16) 만들어 출입이 편리하고 안전하게 한다. 즉, 1/12은 경사로의 최대 허용 기울기로 볼 수 있으며, 이보다 완만한 기울기일수록(1/14 또는 1/16) 휠체어나 보조 보행기 등을 사용하는 사람들이 더 쉽게 오르내릴 수 있어 편의성이 높아진다. 그러나 현실에서는 설계자들이 대부분 1/12에 딱 맞춰 경사로를 설계하고 있다.

또한, 충분히 넓은 통로를 확보하여 휠체어나 보행 보조기를 사용하는 사람들도 여유 있게 이동할 수 있도록 해야 한다. 넓은 통로는 혼잡한 상황에서도 안전한 이동을 보장한다.

복도와 계단에는 미끄럼 방지 바닥재를 사용하고, 안전바를 설치하여 노인과 장애인들이 안전하게 이동할 수 있어야 한다. 이러한 설계는 노인과 장애인분만 아니라 어린이를 포함한 모든 사용자에게 안전하고 편리한 환경을 제공한다.

정보 접근성은 유니버설 디자인의 중요한 요소 중 하나다. 시력이 저하된 사람들을 위해 고대비 색상의 표지판과 직관적인 안내 시스템을 제공하여, 복잡한 설명 없이도 쉽게 길을 찾을 수 있어야 한다. 또한, 점자 표지판이나 음성 안내 시스템을 도입해 시각 장애인도 쉽게 정보에 접근할 수 있는 환경을 만들어야 한다.

유니버설 디자인은 '세계적, 보편적universal'이라는 뜻의 이름처럼 보편적 접근을 지향하며, 초고령 사회에서는 특히 노인을 포함한 모든 사용자가 편리하게 공공 공간을 이용할 수 있도록 사람 중심의 접근을 실현해야 한다.

작은 장벽을 없애라, 리빙 디자인

노인의 주거 환경을 개선하는 것은 중요한 사회적 과제로 떠오르고 있다. 노인은 나이가 들수록 시력, 청력, 근력, 민첩성이 저하되며, 이로 인해 주거 공간에서의 안전사고 위험이 높아지고 독립적인 생활을 유지하기 어려워진다. 이러한 문제를 해결하기 위해 유니버설 디자인을 적용한 안전하고 편리한 주거 환경이 필요하다.

노인 주거 환경에서 가장 중요한 요소는 물리적 안전성이다. 균형

나이 들어 어디서 살 것인가

감각과 근력이 약해진 노인은 작은 사고에도 크게 다칠 위험이 있다. 특히 욕실은 미끄러짐 사고가 빈번히 발생하는 공간으로, 노인들에게 특히 위험하다. 이를 예방하기 위해 욕실 바닥에는 미끄럼 방지 타일을 설치하고, 샤워실과 욕조 주변에 안전바를 설치하여 넘어짐 사고를 방지해야 한다. 이러한 설계는 골절과 같은 부상을 예방하고, 노인이 안전하고 자립적으로 생활할 수 있도록 돕는다.

이동 능력이 떨어지는 노인을 위해 주거 공간 내 이동 경로를 개선하는 것도 중요하다. 문턱을 제거하거나 경사로를 설치해 휠체어나 보행 보조기를 사용하는 데 불편함이 없도록 하고, 복도와 출입구를 넓게 설계하여 안전하게 이동할 수 있도록 해야 한다. 현관에는 경사로와 자동문을 설치해 손을 사용하지 않고도 쉽게 출입할 수 있게 지원한다.

또한, 시력이 저하된 노인은 밝기와 명암 차이를 구분하기 어렵고 눈부심에도 민감하다. 이를 해결하기 위해 자연광을 최대한 확보하고, 창문을 통해 밝고 부드러운 자연광이 들어오게 한다. 자연광은 시력을 보조할 뿐만 아니라 정서적 안정과 우울증 예방에도 효과적이다. 반사와 눈부심을 줄이기 위해 간접 조명을 사용하는 것이 좋으며, 밤에는 복도와 침실 주변에 센서가 달린 야간 조명을 설치해 안전한 이동을 돕는다.

'인디펜던트 리빙Independent Living'이란 자립 생활이라는 뜻으로, 물리적 장벽을 제거하고 안전성을 높여 노인이 자립적으로 생활할 수 있도록 돕는 설계 철학이다. 이 개념은 노인이 주거 공간에서 스스로 일상생활을 영위할 수 있도록 지원하는 데 중점을 둔다.

일본에서는 인디펜던트 리빙을 실현하기 위해 65세 이상 노인이 있는 가정의 주거 환경을 배리어 프리 디자인으로 개조하는 데 정부와 지방자치단체가 리모델링 비용을 지원하는 제도가 있다. 이 제도는 문턱 제거, 미끄럼 방지 바닥 설치, 욕실 손잡이 및 경사로 설치 등 물리적 장벽을 없애기 위한 비용을 지원하며, 지역에 따라 일반적으로 20~50만 엔(한화 약 200~500만 원) 정도가 지원된다. 이를 통해 노인이 자신의 집에서 안전하게 생활할 수 있도록 돕고 있다.

이처럼 유니버설 디자인의 적용은 노인의 삶의 질을 높이고 요양 시설 의존도를 줄이며, 사회적 비용 절감에도 기여한다.

흰색과 미색은 NO! 색상은 대비되게

'컬러 유니버설 디자인Color Universal Design, CUD'은 색을 구분하기 어려운 사람들과 시력이 약해진 노인들이 색상 정보를 더 쉽게 이해할 수 있도록 돕는 디자인 방식이다. 나이가 들면서 시력이 약해지는 노인을 위해, 색상을 명확히 구분할 수 있는 주거 및 공공 공간을 설계하는 것이 점점 더 중요해지고 있다.

이 디자인의 핵심은 밝기와 색의 강도를 조절하여 색상 구분을 돕는 것이다. 색 구분이 어려운 사람은 비슷한 밝기를 가진 색에서 혼란을 느끼기 쉽다. 그러나 색상의 밝기와 강도의 차이가 크면 인식하기가 훨씬 쉬워진다. 빨간색과 녹색이 비슷한 밝기를 가지면 구분이 어렵지만, 밝기 차이를 주면 훨씬 명확하게 인식할 수 있다.

이런 방식은 노인들이 가정이나 공공장소에서 색상 정보를 쉽게 파악하도록 돕고, 더 안전하고 편리하게 공간을 이용할 수 있게 해준다. 색상만으로 구분하기 어려운 경우, 글자나 패턴을 추가하는 것도 유용하다. 이를테면 교통 신호등에 '정지'와 '출발' 같은 글씨를 추가하면 색 구분이 어려운 사람들도 신호를 쉽게 이해할 수 있다. 또한, 지하철 노선도에 노선마다 서로 다른 패턴을 적용하면 색 구분이 어려운 사람도 노선을 명확히 식별할 수 있다.

실제로, 노인이 많이 거주하는 아파트에서는 엘리베이터 층 구분을 위해 짝수층은 주황색, 홀수층은 연두색으로 표시하고, '짝수층'과 '홀수층'이라는 글씨를 더해 인식의 편리함을 높인 사례도 있다.

아이콘이나 그림을 함께 사용하는 것도 효과적이다. 색상만으로 정보를 전달하기보다는 관련 아이콘이나 그림을 함께 사용하면 더 많은 사람들이 정보를 쉽게 이해할 수 있다. 예를 들어, 경고 표지판에는 빨간색과 함께 경고를 나타내는 아이콘을 추가하면 의미를 더욱 명확히 전달할 수 있다. 공항이나 지하철의 남녀 화장실에도 색상뿐 아니라 남성과 여성을 나타내는 그래픽을 함께 표시해 혼동을 줄이는 방식이 활용되고 있다.

컬러 유니버설 디자인은 시각적 정보를 명확히 전달해 시력이 약해진 노인들에게 유용할 뿐만 아니라, 정보 접근성을 높여 포용적인 사회를 만드는 데 중요한 역할을 한다. 유니버설 디자인과 함께 컬러 유니버설 디자인은 장애인, 노인, 어린이를 포함한 모든 사람이 차별 없이 공공 공간과 가정을 편리하게 이용할 수 있도록 돕는 설계 철학이다. 이는 모두가 함께할 수 있는 공평한 사회를 만들어가는 중요한 도구로 자리 잡고 있다.

엘리베이터 운행층을 짝수층은 주황색, 홀수층은 연두색으로 표시하고, '짝수층'과 '홀수층'이라는 글씨를 추가해 컬러를 활용한 유니버설 디자인을 적용했다.

디자인이
치매를 예방할 수 있을까?

좋은 디자인이 기억력을 증진한다

나이가 들수록 인지 기능이 약해지고 치매와 같은 질환의 위험이 높아진다. 치매는 기억력 저하뿐만 아니라, 일상생활에서 자율성을 상실하게 만들어 독립적인 생활을 어렵게 만든다. 이는 노인의 삶의 질을 저하시킬 뿐 아니라, 가족과 사회의 부담을 가중시킨다. 따라서 치매 예방은 중요한 사회 과제로 떠오르고 있으며, 환경이 사람의 행동과 건강에 미치는 영향을 고려할 때, 노인의 인지 기능을 지원하는 환경 조성이 필요하다.

'인지건강 디자인'은 노인이 일상 속에서 신체적 활동과 사회적 교류를 통해 자연스럽게 인지적 자극을 받을 수 있도록 환경을 설계하는 접근 방식이다. 이는 노인의 인지 저하를 방지하고 인지 기능을 유지할 수 있도록 돕는다.

치매는 서서히 진행되는 질환으로, 초기에는 기억력이 흐려지고 혼란을 겪다가 점차 심각한 인지 저하로 이어진다. 이를 예방하기 위해서는 신체적 활동, 인지적 자극, 사회적 교류가 필수적이다. 인지건강 디자인은 이러한 요소를 환경에 반영하여 노인이 신체 활동을 통해 뇌의 신경 연결을 강화하고, 사회 교류를 통해 인지 기능을 자극해 치매 위험을 줄이는 데 기여한다. 또한, 자연과의 접촉이나 감각적 자극은 스트레스를 감소시키고 정신 건강 유지에도 도움을 준다.

연구에 따르면, 인지적 자극이 많은 환경에서 생활하는 노인은 치매 발병률이 낮고 인지 저하의 속도가 느리게 진행되는 경향을 보인다. 이러한 점에서 인지건강 디자인의 필요성은 더욱 강조된다. 서울시 공릉 1단지 아파트는 2016년 인지건강 디자인을 도입해 그 효과를 입증한 사례다. 이곳에는 순환 산책로와 보행 유도선을 설치해 노인들이 보다 쉽게 외출할 수 있도록 했으며, 그 결과 외출 빈도가 39.9% 증가하는 긍정적인 변화를 보였다. 또한 안내 표지판과 명확한 색상 대비를 활용해 길을 잃지 않도록 설계함으로써, 인지 기능을 유지하는 데에도 기여했다.

이 인지건강 디자인은 인지장애 발생률을 30.8% 줄였고, 외출 중 발생할 수 있는 안전사고를 24.4% 감소시키는 효과를 나타냈다. 이를 통해 노인들은 신체적 건강뿐만 아니라 인지적 자극도 받아 치매 예방에 큰 도움을 받았다.

나이 들어 어디서 살 것인가

노년기에는 외출이나 활동 의지가 약해지기 쉬우며, 이는 신체 기능뿐만 아니라 인지 기능 저하를 가속화하는 원인이 된다. 따라서 노인이 거주하는 공간에 신체적 활동, 감각적 자극, 사회적 교류를 유도하는 인지건강 디자인을 도입해 다양한 자극을 제공하고, 지역사회와 자연스럽게 연결될 수 있도록 하는 것이 중요하다.

노년의 힘, 단계별 운동으로 키워라

나이가 들수록 자립적이고 품위 있는 삶을 유지하려면 근육 건강이 매우 중요하다. 근육량이 줄어들면 걷기와 같은 기본 활동이 어려워지고, 낙상이나 골절의 위험이 커져 장기적으로 관리해야 하는 건강 문제로 이어질 수 있다. 이는 독립적인 생활을 어렵게 하고 의료비 부담을 증가시키며, 당뇨병이나 고혈압 같은 만성 질환의 위험도 높아진다.

근력 운동은 신체 기능뿐 아니라 뇌 기능에도 긍정적인 영향을 미친다. 신경세포의 성장과 연결을 촉진하여 기억력 저하를 늦추고 치매 예방에도 도움을 준다. 특히 코어와 엉덩이 근육을 강화하면 균형 감각이 향상되어 낙상 예방에 효과적이다. 하루 15분의 근력 운동만으로도 활기차고 안전한 생활을 유지하는 데 큰 도움이 된다.

노인이 부담 없이 운동을 지속할 수 있도록 신체적 특성에 맞춘 저강도 운동기구를 제공하여 일상생활 수행 능력을 높일 수 있게 해야 한다. 팔과 다리를 부드럽게 움직일 수 있는 저강도 운동기구는 근력과 유연성을 동시에 강화하며, 휠체어를 사용하는 노인도 쉽게 운동에 참여할 수 있다. 이는 식사하기, 옷 입기, 목욕하기 등 기본적인 생활 활동을 독립적으로 수행하는 데 중요한 역할을 한다.

　운동 환경은 노인들이 안전하게 운동하고 최대의 효과를 얻을 수 있도록 단계적으로 설계되어야 한다. 준비운동, 상체 운동, 하체 운동, 근력 운동의 순서로 구성된 환경에서 각 단계에 맞는 기구를 배치해, 자신의 체력에 맞춰 운동 강도를 조절하며 안전하게 운동할 수 있도록 한다. 준비운동 공간은 가벼운 스트레칭과 체조를 통해 근육과 관절을 풀어주는 곳이다. 상체 근력 강화 공간에서는 팔과 어깨 근육을 강화하여 혈액 순환을 촉진하고, 이어서 하체 근력 강화 공간에서는 다리와 발목 근력을 높여 균형 감각을 키운다.

　간단해 보이는 동작도 노인에게는 큰 도움이 된다. 예를 들어, 거울을 보고 바르게 서기, 평행봉 걷기, 한 발로 서기, 손가락 및 손바닥 운동, 눈 운동과 하늘 보기 같은 작은 움직임도 근력과 균형 감각을 유지하는 데 효과적이다. 휠체어를 사용하는 노인도 편리하게 운동할 수 있도록 접근성이 높고 안전한 환경을 마련하는 것이 중요하다. 휠체어 사용자용 운동기구는 팔과 다리 근육을 자극하며 균형 감각을 높이는 기능을 갖추고, 기구 주변에는 평평한 바닥과 안전 손잡이를 설치해 안전하게 이동하고 사용할 수 있도록 돕는다.

　모든 세대가 함께 운동할 수 있는 공간을 조성하면 노인의 건강 증진 뿐만 아니라 세대 간 교류도 촉진할 수 있다. 어린이부터 노년층까지 함께 사용할 수 있는 3세대 운동 공간은 체조 동작을 유도하는 바닥놀이형 디자인과 걷기 운동을 위한 구조물을 포함해 자연스럽게 소통하고 관계를 형성하는 장이 된다. 이러한 공간은 노인의 외부 활동 참여를 높이고, 건강하고 활기찬 노후를 보내는 데 긍정적인 영향을 미친다.

상: 어린이 놀이터를 노인 운동기구를 포함한 3세대 놀이터로 전환했다.
하(좌): 버려진 씨름장에 안전한 운동기구인 '동그라미길'을 조성했다.
하(우): 손 운동처럼 간단해 보이는 동작도 노인에게는 큰 도움이 된다.

감각을 자극하고 마음을 연결하라

정서적 자극이란 노인의 감정을 통해 뇌를 자극하는 것을 의미한다. 나이가 들수록 감정 표현과 사회적 교류가 줄어들어 외로움을 느끼기 쉬우며, 이는 우울증을 유발하고 기억력 저하를 가속화할 수 있다. 따라서 노인들에게 정서적 자극을 제공하는 환경은 필수적이며, 이는 자연과의 상호작용이나 다양한 감각적 요소를 통해 효과적으로 전달될 수 있다.

자연과 함께하는 경험은 정서적 자극의 훌륭한 원천이다. 산책하며 새소리나 바람 소리를 듣고, 자연의 색채와 향기를 느끼는 것은 스트레스를 줄이고 마음을 안정시킨다. 특히, 특정 장소에서 과거를 회상하며 대화를 나누는 경험은 긍정적인 감정을 유발하고, 인지 기능에도 긍정적인 영향을 미친다.

오감을 자극하는 디자인 요소는 기억력과 정서적 안정감을 높이는 데 매우 효과적이다. 정원에 다양한 색상의 꽃과 나무를 심으면 계절의 변화를 통해 시각적 즐거움을 얻을 수 있다. 영산홍이나 칠자화 같은 화려한 색상의 식물은 시각적 자극을, 라일락 같은 향기로운 식물은 후각적 자극을 제공해 과거의 기억을 떠올리게 한다. 또한 나무의 질감이나 돌의 표면을 만지는 촉각적 경험은 뇌를 자극하여 신체적·정서적 안정감을 준다.

'이 꽃의 향기를 맡아보세요'와 같은 안내 문구는 노인이 자연 속에서 오감을 적극적으로 활용하도록 돕는다. 과거의 추억을 회상하면서 노인은 심리적으로 인정을 느끼고 기억력을 유지할 수 있다. 과거의 경험을 다른 사람과 공유하고 감정을 나누는 과정에서는 자연스럽게 사회적 유대감이 형성된다. '내 고향 찾기'나 '추억의 노래' 같은 주제의 회상 공간은 노인들이 공통된 추억을 떠올리고 자연스럽게 대화를 나눌 수 있도록 돕는다. 또한, 시간과 장소를 인식할 수 있도록 시계나 표지판을 설치해 일상의 리듬을 유지하도록 지원할 수 있다. 특정 시기를 떠올리게 하는 조형물이나 음악과 관련된 설치물은 기억을 되살리고 유대감을 형성하는 데 유익하다.

공공미술은 감각을 자극하고 감정을 불러일으키며 사회적 교류를 촉진하는 강력한 도구다. 특히, 노인이 상호작용할 수 있는 공공미술 작품은 작품을 만지거나 시를 읊거나 감상하는 과정을 통해 감각을 자극하고, 다른 사람들과 대화할 수 있는 기회를 제공한다.

서울시 공릉 1단지의 봄, 여름, 가을, 겨울을 상징하는 꽃 조형물은 노인들을 시각적·촉각적으로 자극하여 정서적 유대 관계를 맺는 데 도움을 준다. 작품 설명이나 시 구절이 담긴 안내판은 언어 기능을 활성화시켜, 결과적으로 노인의 기억력 유지에도 기여한다.

이처럼, 노인의 생활 공간에 정서적 자극을 제공하는 인지건강 디자인을 도입하면 기억력 유지와 정서적 안정을 도모할 수 있다. 이를 통해 노인들이 일상에서 더욱 활기차고 건강한 삶을 누릴 수 있게 된다.

서울시 공릉 1단지의 사계절을 상징하는 꽃 조형물은 노인들에게 시각적·촉각적 자극을 제공하며 정서적 유대감을 형성하는 데 도움을 준다(봄 벚꽃, 여름 해바라기, 가을 코스모스, 겨울 동백).

벤치부터 쉼터까지, 만남을 의도하라

사회적 교류는 노인의 기억력 유지와 인지 기능에 매우 중요하다. 연구에 따르면, 다른 사람들과 자주 대화하고 교류하는 노인은 그렇지 않은 경우보다 치매 위험이 낮고 기억력도 더 오래 유지된다. 반면, 고립되거나 타인과 교류가 부족한 노인은 기억력이 빠르게 감퇴하고 정서적으로 불안정해지는 경향이 있다. 일상 속에서 대화와 모임을 통해 사회관계를 유지하는 것은 정신 건강을 지키고 우울증을 예방하는 데 도움이 된다.

특히 노인 1인 가구가 많은 임대 아파트에서는 사회적으로 교류하여 심리적 안정감과 자존감을 회복하는 것이 더욱 중요하다. 이를 위해 노인이 사회 활동에 쉽게 참여할 수 있는 환경을 조성하는 것이 반드시 필요하다.

사회적 교류를 촉진하는 대표적인 요소 중 하나가 벤치다. **벤치는 휴식 공간을 넘어 대화와 교류의 장으로 활용될 수 있다. 이때 벤치를 일렬로 배치하기보다는 서로 마주 보거나 ㄷ자 형태로 두면 앉은 사람들이 서로 자연스럽게 대화를 나누기 좋은 분위기가 조성된다.** 이러한 배치는 노인이 외출 시 다른 사람들과 편안하게 이야기할 기회를 제공하며, '따로 또 같이' 있을 수 있는 환경을 만든다.

또한, 휠체어 사용자가 쉽게 접근할 수 있도록 설계하면 더 많은 노인이 교류에 참여할 수 있다. 벤치에 등받이와 팔걸이가 있으면 균형감이 약한 노인이 앉고 일어설 때 더욱 안정적이고 편리하게 이용할 수 있다. 이러한 설계는 노인이 외출과 교류에 더 편하게 나설 수 있도록 돕는다.

쉼터와 파고라 또한 노인이 쉽게 접근할 수 있는 교류 공간으로, 외출을 장려하고 사회적 상호작용을 촉진하는 데 중요한 역할을 한다. 그늘이 있는 쉼터는 날씨와 관계없이 머물 수 있어, 노인들이 서로 이야기를 나누고 정서적 유대를 형성할 수 있는 공간을 제공한다. 이곳에도 벤치를 마주 보게 배치해 자연스럽게 대화를 유도하고, 휠체어 사용자도 접근할 수 있도록 설계하는 것이 중요하다. 쉼터 주변에 꽃과 나무 같은 자연 요소를 배치하면 시각적·후각적 자극이 더해져 노인들이 더 활기차고 안정감을 느낄 수 있다.

이러한 환경에서 노인들이 자주 방문해 대화를 나누면 기억력을 유지하고 치매 예방에도 도움을 줄 수 있다. 사회적 교류를 장려하는 인지건강 디자인은 벤치, 쉼터, 파고라 같은 시설을 통해 구현할 수 있다. 이러한 공간은 노인들이 부담 없이 외출하고, 다른 사람들과 자연스럽게 대화하며 교류할 수 있는 기회를 제공함으로써, 건강하고 활기찬 일상을 유지하는 데 큰 도움을 준다.

걷기만 해도
치매가 예방된다

걷기는 치매 예방약이다

치매가 시작되면 흔히 약물치료를 먼저 떠올리지만, 약물만으로는 치매 문제를 해결할 수 없다. 약물은 일시적으로 증상을 완화할 수 있지만, 치매의 진행을 늦추고 예방하기 위해서는 신체 활동이 필수적이다.

그중에서도 걷기는 가장 간단하면서도 효과적인 치매 예방 방법이다. 걷는 동작은 뇌를 자극하고 기억력을 활성화하며 기분을 안정시키는 효과가 있어, 부작용 없는 치매 예방약이라 할 수 있다. 《걷기만 해도 치매는 개선된다》의 저자 나가오 가즈히로는 "걷기가 치매 예방과 개선에 매우 효과적"이라고 강조한다. 그는 걷기를 통해 뇌가 자극을 받고, 혈류와 신경 전달 물질이 활성화되어 인지 기능이 향상된다고 설명한다. 하루 30분에서 1시간 정도 걷는 것은 누구나 쉽게 실천할 수 있는 운동으로 추천된다.

걷기는 몸을 움직이는 것을 넘어 뇌 건강에도 큰 이점을 제공한다. 걷기를 하면 심장과 혈관 기능이 개선되어 뇌로 가는 혈류가 원활해지고, 뇌세포에 산소와 영양분이 충분히 공급된다. 이는 뇌가 활발히 기능하기 위한 필수 조건으로, 신경 세포를 건강하게 유지하는 데 도움을 준다.

하버드 대학교 의학전문대학원의 연구에 따르면, 일주일에 150~300분 걷는 것은 조기 사망 위험을 21% 줄이며, 매일 1시간씩 걸을 경우 39%까지 감소시킨다고 한다. 이는 걷기가 심장과 혈액 순환을 개선하여 뇌에 충분한 산소와 영양을 공급하기 때문이다.

또한, 걷기를 하면 뇌에서 뇌신경영양인자BDNF라는 단백질이 분비되는데, 이 단백질은 뇌의 신경 연결을 강화하고, 새로운 정보를 배우고 적응하는 능력을 높여준다. 규칙적으로 걷는 사람은 이러한 뇌 기능을 오래 유지할 수 있어 치매 예방에 큰 도움이 된다. 꾸준히 걷는 사람은 걷지 않는 사람보다 치매 발병 위험이 낮다는 연구 결과도 있다.

걷기는 심리적 건강에도 긍정적인 영향을 미친다. 특히, 자연 속에서 걷는 것은 세로토닌과 도파민 같은 기분을 좋게 하는 호르몬의 분비를 촉진해 스트레스를 줄이고 우울증을 완화하며, 심리적 안정감을 높여 삶의 질을 향상시킨다.

"움직이는 발걸음은 생각하는 뇌를 만든다." 즉, 걷기는 뇌를 자극하여 기억력과 인지 기능을 강화하며, 나이가 들어도 활기차고 건강하게 생활할 수 있는 길을 열어준다.

인간에게는 오래 사는 것보다 건강하게 사는 것이 더 중요하다. 나이가 들어도 건강을 유지하며 생활할 수 있는 '건강수명'이 무엇보다 중요하다.

걷기 운동을 일상화하라

걷기는 특별한 장비나 기술 없이도 쉽게 할 수 있는 운동이지만, 노인이 안전하고 편안하게 걷기 위해서는 그에 적절한 환경이 필요하다. 노인은 균형 감각과 근력이 약해 쉽게 피로를 느끼거나 넘어질 위험이 높기 때문에, 걷기 운동을 일상화하기 위해서는 안전하고 편리한 산책로 같은 환경 조성이 필수적이다.

아파트 단지, 주거 밀집 지역, 요양시설 등 노인들이 생활하는 곳에 산책로를 조성하여 일상 속에서 자연스럽게 걷기를 실천할 수 있도록 유도하는 것이 중요하다. 예를 들어, 아파트 단지 외곽에 순환 산책로를 조성하고 주동 출입구와 연결하면 노인이 언제든지 쉽게 산책로에 접근할 수 있다. 이러한 환경은 일상 속에서 자연스럽게 걷기를 시작할 수 있도록 돕는다. 또 길을 잃을 걱정 없이 안전하게 걷도록 방향 표지판과 눈에 잘 띄는 유도선을 설치해 노인이 쉽게 길을 찾고 집중해서 걸을 수 있도록 한다. 바닥은 미끄럼 방지 재질로 하고, 경사는 평평하게 설계하여 부상 위험을 줄이는 것도 중요하다.

순환 산책로는 하루 30~40분 정도로 완주할 수 있는 1,000~2,000m의 길이로 설계하는 것이 적당하다. 이 정도 길이는 노인이 반복해서 걸을 수 있는 거리로, 꾸준히 신체 활동을 이어가는 데 큰 도움이 된다. 지속적인 걷기는 심장과 혈관 건강을 개선하고, 뇌에 충분한 산소와 영양이 공급되도록 하여 인지 기능 보호에도 기여한다.

또한, 걷기 운동을 지속할 수 있도록 산책로 주변에 일정 간격으로 벤치를 설치해 중간에 휴식을 취할 수 있게 하는 것도 중요하다. 50m마다 벤치를 배치하고, 벤치에는 '조금만 더 걸으면 건강한 내일이 기다립니다' 같은 응원 메시지를 새겨 동기를 부여할 수 있다. 또한, 거리 표시를 일정 간격으로 설치해 걷는 거리를 확인할 수 있는 장치를 두면 성취감이 높아진다. 올림픽 공원처럼 거리를 표시하는 표지판을 설치하면, 작은 목표를 세우고 달성하는 즐거움도 제공할 수 있다.

이러한 필요성에도 불구하고, 실제로 걷기 환경이 제대로 조성되지 않은 경우가 많다. 예를 들어, 서울시가 SH 공릉 1단지에 순환 산책로를 조성했으나 몇 년 후 사라졌고, LH 번동 3단지에서는 설계에 반영했으나 실제로 조성되지는 않았다. 이는 노인의 생활 방식과 걷기의 중요성에 대한 이해 부족에서 비롯된 문제다.

노인이 많이 사는 아파트 단지에 가장 필요한 것은 걷기 좋은 환경, 즉 순환 산책로를 마련하는 것이다. 노인이 안전하고 편안하게 일상 속에서 걸을 수 있는 환경이 마련된다면, 걷기는 건강하고 활기찬 삶을 이어가는 필수 요소가 될 것이다.

아파트 단지 외곽에 순환 산책로를 조성하고 주동 출입구와 연결해 노인이 쉽게 접근할 수 있도록 했다.
또한, 노인이 안전하게 걷도록 눈에 잘 띄는 유도선을 설치했다.

단지와 단지 사이에도 순환 산책로가 끊기지 않도록 횡단보도를 설치했다.

걷지 않으면 걷게 만들어라

걷기의 중요성은 누구나 알지만, 이를 꾸준히 실천하기란 쉽지 않다. 걷기를 일상화하는 가장 효과적인 방법은 매일 같은 시간에 걷는 습관을 들이는 것이다. 예를 들어, 아침이나 저녁 식사 후 일정한 시간을 정해 걷는 습관을 들이면 신체 리듬이 일정하게 유지되고 걷기를 꾸준히 이어갈 수 있다. 하루 30분에서 1시간 정도 걷는 것은 신체 기능 유지와 노화 방지에 매우 효과적이다. 나도 차를 없애고 출퇴근 시 매일 40분씩 걷는 습관을 들였다.

특히 자연 속에서 걷는 것은 노인에게 더 큰 혜택을 준다. 공원이나 산책로에서 걸으면 마음이 안정되고 스트레스가 해소된다. 나무와 풀 내음을 맡으며 계절의 변화를 느낄 수 있는 공간에서 걷는 일은 더욱 즐겁고 의미 있는 활동이 된다. 혼자 걷기보다는 가족이나 친구와 함께 걷는 것이 의지를 북돋아주고, 사회적 유대감을 강화하는 데도 효과적이다. 연구에 따르면, 다른 사람과 자주 어울리는 노인은 치매에 걸릴 위험이 낮으며, 함께 걸으며 대화하는 과정은 정서적 안정감을 제공하고 뇌를 자극해 인지 건강에도 긍정적인 영향을 미친다.

또한, 걸은 거리나 활동량을 스마트폰 앱이나 운동 기기로 기록하는 것도 유용하다. 걸음 수를 시각적으로 확인하며 성취감을 느끼고, 걷기를 목표 지향적인 활동으로 전환할 수 있다. 이를테면, 하루 5,000보를 목표로 설정하고 이를 달성할 때마다 성취감을 느끼면, 걷기를 더 꾸준히 이어갈 동기를 얻을 수 있다.

나도 매일 6,000보 이상 걷기를 목표로 하고 있는데, 출근 시 걷는 2.5km가 약 3,000보를 채워주기 때문에 목표 달성이 용이하다. 처음에는 스마트폰 앱으로 기록을 확인하며 필요에 의해 시작한 걷기 운동이 이제는 일상 속 자연스러운 습관이 되었다.

경제적 보상을 제공하는 걷기 프로그램도 좋은 동기부여가 된다. 일본 요코하마시의 '워킹 포인트' 프로그램은 걸음 수를 서버에 기록해 포인트를 쌓을 수 있게 하며, 포인트에 따라 상품권을 제공한다. 예를 들어, 3개월 동안 200포인트를 달성하면 약 3,000엔 상당의 상품권을 받을 수 있어 노인들이 지속적으로 걷기를 실천하도록 돕는다. 이러한 보상 시스템은 걷기를 일상화하고 건강을 유지하게 하며, 사회적 참여도 높여 장기적으로는 의료비 절감에도 기여할 수 있다.

2022년 우리나라의 전체 의료비가 약 102조 원에 달하는 가운데, 노인 의료비는 약 44조 원으로 전체의 43%를 차지하고 있다. 노인의 건강은 사회적 비용 절감과 직결되며, 이를 두고 '노인 체력이 곧 국력'이라는 말이 나온다.

부모가 자식에게 가장 쉽게 해줄 수 있는 것은 '꾸준한 걷기 운동'이며, 자식이 부모에게 가장 쉽게 할 수 있는 효도는 '함께 걷기'다. 부모의 건강과 마음을 지키는 가장 간단한 방법, 바로 '함께 걷기'에서 시작된다.

3장

노인을 위한
도시는 있다

사람이
제3의 치료제다

초고령 사회의 해법, 여러 세대가 함께 사는 집

현대 사회의 변화와 기술 발전으로 세대 간 단절이 심화되면서, 노인들이 사회적으로 고립되는 현상이 더 뚜렷해지고 있다. 세대 간의 교류가 끊기면 노인은 정서적으로 소외감을 느끼고, 사회적 연결망에서도 멀어져 외로움과 고독 속에서 살아가게 된다. 이런 상황은 고독사 같은 사회적 문제를 더 키우고 있고, 독거노인의 비율이 높아질수록 문제가 더 심각해지고 있다.

사람은 본래 사회적 동물이라서 의학적인 치료만으로는 건강 문제가 해결되지 않는다. 정서적 유대감과 사회적 교류가 건강한 삶을 유지하는 데 중요한 역할을 한다.

고령 인구가 증가함에 따리 도심에서도 65세 이상 인구가 과반수를 차지하는 현상이 나타나며, 이는 공동체로 존재하기 어려운 환경을 뜻하는 '한계 취락限界 聚落' 현상을 불러오고 있다. 이에 따른 사회 문제도 점차 확대되고 있다.

일본 도쿄 신주쿠의 '도야마 단지'는 이러한 현실을 잘 보여주는 사례다. 이 아파트 단지는 2,321세대가 거주하는 공공 임대 아파트로, 65세 이상 고령자가 전체 주민의 절반을 넘고 있으며, 그중 60%는 75세 이상의 독신 노인으로 구성돼 있다.

이처럼 고령 인구가 지나치게 많은 지역에서는 세대 간 균형이 깨지며, 많은 노인이 사회적 고립 속에서 살아가게 된다.

이 문제를 해결하기 위해 일본에서는 노인 세대와 젊은 세대가 함께 생활하는 아파트가 등장하고 있다. 도쿄 도심에 위치한 '커뮤니티 하우스Community House'는 세대교류형 주거시설의 대표적인 사례로, 노인과 젊은 세대가 한 건물에서 자연스럽게 상호작용하며 생활할 수 있도록 설계된 공간이다. 이 건물은 12층 규모로, 젊은 세대가 거주하는 '컬렉티브 하우스Collective House'(2~3층), 보살핌이 필요한 노인을 위한 '시니어 하우스Senior House'(4~6층), 자립 생활이 가능한 노인을 위한 '라이프 하우스Life House'(7~12층)로 구성되어 있다.

1층에는 보육원이 자리하고 있어 아이들과 노인이 일상 속에서 자연스럽게 교류할 수 있는 공간을 제공한다. 노인들은 아이들의 활기에서 정서적 위안을 얻고, 아이들은 노인의 경험에서 삶의 지혜를 배우며 성장한다. 이러한 세대 간 교류는 노인과 아이들 모두에게 정서적 안정과 유대감을 느낄 수 있는 특별한 경험을 선물한다.

노인만을 위한 실버타운이나 세대를 분리한 주거 형태는 세대 간 교류와 돌봄의 기회를 제공하기 어렵다. 이러한 문제를 해결할 방안으로 주목받는 것이 바로 위와 같은 세대교류형 주거시설이다.

세대교류형 주거시설은 사회적 돌봄과 정서적 유대를 통해 다양한 세대가 상호 보완적인 관계를 형성하고, 서로의 삶을 공유할 수 있는 환경을 제공한다.

이러한 주거 형태는 저출산 문제 해결에도 기여하며, 아이들의 정서 발달과 노인의 삶의 질 향상에 긍정적인 영향을 미친다. 젊은 세대와 노인이 함께 생활하며 서로를 이해하고 경험을 나누는 공간은 초고령 사회에서 필수적인 요소가 되고 있다.

아이가 노인을 건강하게 만든다

세대교류형 돌봄시설은 노인과 아이들이 한 공간에서 자연스럽게 어울리며 상호 돌봄을 실현하는 복지 공간이다. 이곳에서 노인들은 아이들의 순수하고 생기 넘치는 에너지를 통해 정서적 활력을 되찾고, 아이들은 노인의 지혜와 경험을 배우며 성장한다.

이러한 시설은 노인이 돌봄의 수혜자에 머무는 것이 아니라, 사회의 중요한 구성원으로서 적극적으로 참여할 수 있는 기회를 제공하는 중요한 사회적 장치다.

세대교류형 돌봄시설은 노인의 사회적 고립을 해소하고, 다양한 세대가 교류할 수 있는 환경을 마련하여 사회적 연결망 속에서 활발히 활동하도록 돕는다. 보육과 요양이 결합된 복합 돌봄시설은 고령화와 저출산이라는 사회 변화에 맞춰 유연하게 운영될 수 있는 새로운 개념의 공간이다.

한 돌봄시설에서는 1층에 고령자를 위한 비숙박형 요양시설 '데이 서비스 센터Day Service Center'를, 2층에는 '유아들을 위한 보육원'을 배치하여 아이들과 노인들이 자연스럽게 소통할 수 있는 환경을 제공한다.

아이들은 매주 고령자 센터를 방문하여 할머니, 할아버지와 교류하고 소통하며, 노인들은 아이들의 생일 파티에 직접 만든 선물을 전하거나 함께 놀이를 하며 정서적 교감을 나눈다.

아이들의 생동감 넘치는 모습은 노인들에게 심리적으로 병이 호전된다고 느끼게 하는 '플라세보 효과'를 주어 신체적·정신적 활력을 유지하게 한다. 이러한 상호작용은 정서적 연결이 치유 효과로 작용할 수 있음을 보여주는 좋은 사례다.

세대 간 교류를 활성화하기 위한 요양시설, 아동시설, 카페가 결합된 복합시설은 다양한 세대가 함께 활기찬 일상을 보낼 수 있는 공간을 제공한다. 이곳에서는 아이들이 숙제를 하거나 게임을 하며 노인들과 자연스럽게 어울리고, 젊은 부모와 지역 주민들도 함께 교류할 기회를 갖게 된다.

또한, 야외 공간은 아이들이 자유롭게 뛰어놀 수 있도록 설계하고, 이를 노인들이 쉽게 볼 수 있는 구조로 만드는 것도 세대 간 교류를 촉진하는 중요한 요소다. 아이들의 활기찬 모습을 지켜보는 것은 노인들에게 정서적 위안을 제공하며, 아이들은 자연스럽게 노인들과 함께할 기회를 얻는다.

이처럼 실내외 공간을 연결하여 상호작용이 일어날 수 있는 환경을 조성하면 세대 간 유대감과 교류가 더욱 강화된다.

일본의 '후지사와 SST^Sustainable Smart Town'에는 노인을 위한 특별 양호 주택, 약국, 방문 돌봄 서비스, 진료소, 어린이집, 학원 등이 유기적으로 연결되어 있어, 이곳을 찾는 사람들이 자연스럽게 만나고 교류할 수 있다.

이곳에서는 **노인들이 아이들에게 지식과 기술을 가르치고, 아이들은 노인들에게 활력을 불어넣는 상호작용을 통해 서로에게 긍정적인 영향을 미친다.** 후지사와 SST는 '연결'을 핵심 가치로 삼아 사람과 사람 간의 자연스러운 교류를 중시하는 공동체를 지향한다. 이처럼 세대교류형 돌봄시설은 노인과 아이가 서로 돌보며 건강한 공동체를 이루는 공간이다.

사람이 사람을 치유한다: 산소니모쿠 사이엔지

일본의 또 다른 세대교류형 커뮤니티 시설인 '산소니모쿠 사이엔지三草二木 西圓寺'는 폐사 위기에 있던 절을 지역 커뮤니티센터로 전환하여 재탄생한 복지 공간이다. 과거 이 절은 마을 주민들이 자연스럽게 모여 다양한 활동을 하고, 서로를 지지하며 생활을 이어가는 '마을의 거점' 역할을 해왔다.

하지만 현대에 들어 사람들 사이의 연결이 약해지면서, 절은 더 이상 과거처럼 사람과 사람이 서로 의지하던 공간의 역할을 하지 못하게 되었다. 이에 주민들은 절이 다시금 사람들과 함께하는 공간으로 거듭나길 바랐고, 이를 실현하기 위해 절은 온천과 카페를 갖춘 커뮤니티 공간이자 사회복지시설로 리모델링되었다. 이렇게 새롭게 조성된 공간은 세대 간 교류를 촉진하고, 주민들이 일상적으로 찾아와 소통할 수 있는 장소로 자리 잡게 되었다.

특히 온천과 카페는 주민들이 자연스럽게 모여 대화하고 소통할 수 있는 장소로 기능한다. 절의 본당은 노인 데이 서비스, 장애인 생활 돌봄, 레스토랑, 막과자 가게 등 다양한 기능을 갖춘 공간으로 활용되며, 이곳은 복지 서비스 이용자, 온천을 마친 주민, 간식을 사러 온 아이들 등 여러 세대가 함께 어우러질 수 있는 장이 되었다.

낮에는 고령자와 장애아를 위한 돌봄 서비스 공간으로 조성되어 있으며, 밤에는 주민들에게 식사와 주류를 제공하는 공간으로 활용되며, 과자가게는 아이들이 자유롭게 들르고 모이는 장소가 되어 세대 간 소통이 이루어지는 거점 역할을 한다.

이곳에서는 장애인 생활 보호 서비스와 고령자 데이케어 서비스, 장애인 취업 지원 등을 제공하며, 지역 주민도 자유롭게 이용할 수 있다. 온천은 다양한 세대가 자연스럽게 어울리며 새로운 관계를 형성하는 공간으로, 주민들에게 무료로 개방된다.

습도가 높은 일본에서는 온천이 생활문화의 중요한 부분을 차지하며, 일본인에게는 일과를 마치고 온천에 가는 것이 일상생활의 일부가 되어 있다. 일본에서 온천은 불특정 다수의 사람이 자연스럽게 참여하도록 유도하는 시설 중 하나로, 세대 간 교류를 촉진하는 장소로도 기능한다.

주민 전용 입구에는 주민들의 이름이 새겨진 목패가 걸려 있어, 누가 왔는지 한눈에 알아볼 수 있도록 했다. 이 목패는 단순한 장식이 아니라, 주민들의 안부를 확인할 수 있게 해주는 장치로, 모두에게 안심감을 더해주는 역할을 한다.

고령화가 진행 중인 지역에서는 이런 시설이 세대 간 유대를 강화하고, 지역 사회의 일체감을 형성하는 데 중요한 역할을 하고 있다.

사이엔지에서는 공동 작업 프로그램을 통해 퇴직한 노인들이 된장 담그기, 매실 장아찌 담그기, 나무 가지치기 등 자신의 경험과 능력을 살려 활동할 기회를 제공한다. 이를 통해 젊은 세대는 노인 세대의 지혜를 배우며, 서로의 차이를 좁히고 존중하는 문화를 형성해 간다. 이러한 프로그램은 노인이 사회와 연결되어 활력을 유지할 수 있도록 돕는다.

사이엔지에서는 사람들이 서로 가까워지며 소통이 깊어졌고, 이를 통해 세대와 장애의 경계를 넘는 특별한 교류가 이루어졌다. 그 결과 놀라운 변화가 일어났다. 중증 장애를 가진 한 청년과 치매를 앓고 있는 할머니가 만났는데, 청년은 목을 15도밖에 움직일 수 없는 상태였고, 할머니는 심한 손 떨림으로 일상적인 행동조차 어려운 상황이었다.

어느 날 점심시간에 할머니는 떨리는 손으로 숟가락에 젤리를 얹어 청년에게 먹여주려 시도했다. 하지만 손이 흔들려 젤리를 제대로 청년의 입에 넣을 수 없었고, 청년도 목을 움직일 수 없어 젤리를 받아먹지 못했다. 그럼에도 불구하고 할머니는 포기하지 않고 계속해서 시도했다.

시간이 흐르면서 작은 기적이 일어났다. 할머니의 손 떨림이 점점 줄어들기 시작했고, 마침내 젤리를 청년의 입에 정확히 넣어줄 수 있게 되었다. 청년 역시 처음에는 얼굴에 젤리를 묻히는 것을 불편해했지만, 시간이 지나면서 할머니의 손 움직임에 맞춰 목을 움직이기 시작했다. 그 결과, 15도밖에 움직이지 않던 목이 점차 회복되어 90도 가까이 움직일 수 있게 되었다. 이 과정에서 그동안 의학적 재활과 치료로도 개선되지 않았던 청년의 중증 장애와 할머니의 치매 증상이 서로의 도움을 통해 개선되는 놀라운 결과를 보여주었다.

이처럼 **장애인과 고령자가 서로를 돕고 함께 노력하며 얻어낸 변화는 사람 간의 교류가 '제3의 치료'가 될 수 있음을 보여준다.**

이 시설은 일상과 돌봄을 구별하지 않고, 서로 다른 세대가 교류하며 돌봄과 치유를 실현하는 공간이다. 노인, 장애인, 청년, 어린이 등 모든 세대의 주민들이 자연스럽게 어울리며 새로운 관계를 형성하고 서로에게 긍정적인 영향을 주고받는 공간으로 재탄생했다. 이는 사회적 고립과 돌봄 문제를 해결하기 위한 하나의 모델이 되었다.

커뮤니티 공간은 세대와 장애의 경계를 넘어 모두 함께 어울리는 새로운 복지의 장이자 치유의 공간으로 기능한다. 다양한 형태의 교류가 자연스럽게 이루어지고, 사람들이 자발적으로 모여 공동체를 형성할 수 있는 환경이 조성되는 도시가 되어야 한다.

'산소니모쿠 사이엔지'는 폐사 위기의 절을 지역 커뮤니티센터로 전환해 세대교류형 복지 공간으로 재탄생시킨 곳이다.

끼리끼리
모여 사는 건 틀렸다

젊은 세대의 유입이 필요하다

고령화가 진행되면서 노인을 위한 주거 공간으로 실버타운이나 은퇴자 마을과 같은 전용 시설이 도입되었지만, 세대 간 단절과 노인의 사회적 고립을 심화시킨다는 문제점이 제기되고 있다. 이러한 시설은 노인이 안전하게 생활할 수 있는 환경을 제공하지만, 젊은 세대와의 교류가 차단됨으로써 노인을 점차 사회와 멀어지게 하고 고립시킬 위험이 크다.

이로 인해 노인은 활력과 삶의 의미를 잃고, 심리적 안정감을 위협받으며, 우울증이나 치매와 같은 문제에 더욱 취약해질 수 있다.

일본에서도 시골에 은퇴자 마을을 조성하여 고령자의 삶을 안

전하게 보호하고자 했지만, 노인들만이 모여 사는 구조는 장기적으로 성공하지 못했다. **일본 최초의 은퇴자 주거단지**Continuing Care Retirement Community, CCRC**인 '미나기노모리**美奈宜の杜**'에서는 고령자만 모인 커뮤니티가 한계에 직면하자 젊은 세대의 참여를 유도하는 전략으로 전환했다.**

이 마을은 한때 600명이 넘는 주민과 휴식을 즐기기 위해 찾아온 세컨드 하우스 사용자들로 북적였지만, 기대했던 만큼 많은 입주자를 끌어들이지 못해 어려움을 겪었다. 특히, 고령자가 친숙한 생활환경을 떠나 새로운 지역으로 이주하려는 의사가 예상보다 낮았다.

개발업자와 주민들은 '고령자만 모여서는 지속 가능한 커뮤니티를 유지하기 어렵다'는 인식을 공유하게 되었고, 현역 세대, 특히 자녀를 양육하는 30~40대 세대를 입주시키는 전략을 채택했다. 남은 건물을 신축 가격의 60%로 할인해 판매하자, 도심 접근성과 쾌적한 주거 환경에 매력을 느낀 젊은 세대들이 유입되기 시작했다.

젊은 세대의 유입은 공동체에 새로운 활력을 불어넣었다. 노년층과 현역 세대가 함께 어우러지면서 자연스러운 상호작용과 상호 의존적인 관계가 형성되었고, 고령자가 사회와의 연결고리를 유지할 수 있는 환경이 조성되었다. 특히, 젊은 세대가 간병 도우미로 활동하면서 간병 인력 부족 문제가 자연스럽게 해결되었고, 노년층과 젊은 세대가 함께 경제활동에 참여하면서 지역 사회에도 새로운 활기를 더했다.

미나기노모리의 사례는 고령자 전용 주거시설의 한계를 극복하기 위한 대안으로, 모든 세대가 함께 어우러져 살아가는 새로운 사회적 모델을 제시한다. 이는 사회적 고립, 간병 인력 부족, 지역 공동체의 붕괴와 같은 현대 사회의 복합적인 문제를 해결하는 데 중요한 방안이 될 수 있다.

비슷한 배경이나 특성을 가진 사람들만 모여 사는 실버타운과 같은 시설 대신, 다양한 세대가 함께 어울려 서로를 이해하고 지원하며 살아가는 공생 사회가 필요하다.

자유롭지만, 결코 외롭지 않게

고령자, 청년, 가족 등 다양한 세대가 상호작용하고 협력할 수 있는 주거 모델은 현대 사회의 공생 방식을 실현하는 중요한 접근법이 된다. 세대 통합형 주거단지, 코하우징, 공유형 주택 등은 이러한 공생 사회를 위한 효과적인 모델로 주목받고 있다.

이 모델들은 고령자의 고립을 막고 청년에게 안정된 주거 환경을 제공하며, 세대 간 소통을 증진시킨다. 나아가 각 세대가 독립성을 유지하면서도 서로 연결될 수 있는 환경을 조성함으로써, 개인의 삶의 질과 지역 사회의 유대감을 동시에 높이는 데 기여한다.

일본 도쿄의 '에고타노모리江古田の森'는 고령자, 장애인, 다양한 연령층이 함께 공존하며 '세대의 순환'을 목표로 설계된 복합 커뮤니티

다. 이곳은 주거, 의료, 육아, 간병 등 다양한 기능을 하나의 공간에 통합하여, 세대 순환형 마을을 형성하고 주민들이 각자의 생애 주기에 맞춰 거주할 수 있도록 설계되었다.

특히 이 마을의 중심인 '리브인랩Live in Lab'은 편의점, 보육원, 레스토랑 등 다양한 교류 공간을 마련해, 주민들이 소통하고 관계를 형성할 수 있는 환경을 제공한다.

도쿄 마치다시에 위치한 '오비린 가든힐스桜美林ガーデンヒルズ'는 고령자, 대학생, 일반 가족이 함께 생활하는 세대 통합형 주거단지로, 오비린 대학과 연계해 다양한 세대가 어우러질 수 있도록 설계된 CCRC 형태의 복합 주거지다.

이 단지는 서비스지원형 고령자 주택, 학생 기숙사, 일반 주택을 포함하고 있으며, 긴급 통보 장치와 24시간 간호 서비스가 제공되어 고령자들이 안전하게 생활할 수 있는 환경을 마련했다.

특히, 고령자와 학생이 같은 식당에서 식사하고 함께 운동하며 교류할 수 있도록 설계되었다. 이를 통해 학생들은 고령자와의 일상적인 생활 속에서 세대 간의 이해와 상호 존중을 배우며, 자연스럽게 세대 간 유대감이 형성된다.

도쿄 히노시에 위치한 '타마무스비테라스たまむすびテラス'는 타마다이라 단지를 리모델링하여 학생 셰어하우스, 텃밭이 있는 임대 주택, 고령자 임대 주택 등을 포함한 새로운 공동체 주거 모델로 재탄생했다.

이곳은 세대 간 교류와 지역 사회와의 연계를 통해 공동체 의식을 형성하는 중요한 거점으로 자리 잡았다. 특히, 집회동은 식당으로

도쿄의 '에고타노모리'는 주거, 의료, 육아, 간병을 통합한 세대 순환형 복합 커뮤니티로,
중심 공간 '리브인랩'에서 주민 교류와 소통을 지원한다.

활용되어 고령자와 젊은 세대가 함께 식사하고 소통하는 공간으로 기능하며, 자연스럽게 세대 간 교류와 협력을 유도하고 있다.

'코하우징Cohousing'은 개인의 프라이버시를 유지하면서도 공용 공간에서 다양한 세대가 자연스럽게 상호작용할 수 있도록 설계된 주거 형태다.

스웨덴의 '미드고즈그룹펜 시니어 코하우징Midgårdsgruppen Senior Cohousing'은 다양한 연령층이 함께 생활하며 공동체 활동에 참여하고 서로 도움을 주고받는 환경을 제공하는 성공적인 모델로 손꼽힌다. 이곳의 주민들은 함께 식사하고 여가 시간을 보내며 자연스럽게 관계를 형성하고, 친구가 되어 서로의 일상에 참여한다.

미국의 건축사무소 대표 '마티아스 홀위치Matthias Hollwich'가 개발한 공유형 주택 모델 '플렉스 리브 FLX Live'는 생애 주기에 맞춰 주거 공간을 유연하게 활용할 수 있는 서비스이다. 이 모델은 한 공간을 청년 시기에는 룸메이트와 함께 사용하고, 결혼 후에는 방 2개짜리 아파트로, 은퇴 후에는 일부를 임대하거나, 거동이 불편해지면 간병인을 위한 공간을 두는 등 다양한 방식으로 활용할 수 있도록 설계되었다. 이렇게 각 생애 주기에 맞는 유연한 생활 방식을 지원하고, 나이가 들어도 거주지를 유지할 수 있는 '에이징 인 플레이스'를 실현하게 한다.

이와 같은 세대 공존형 주거시설은 각 세대가 독립성을 유지하면서도 자연스럽게 상호작용할 수 있는 환경을 제공하며, 고령 사회에서 사회적 고립과 외로움을 해소하는 데 중요한 역할을 한다.

그들은 어떻게 서로를 품었을까?: 셰어 가나자와

다양한 세대가 함께 살아가는 공간을 조성하는 것은 현대 사회에서 중요한 과제로 떠오르고 있다. 일본의 '셰어 가나자와Share 金沢'는 이러한 목표를 실현한 대표적인 모델로, 고령자, 장애인, 젊은 세대가 일상 속에서 자연스럽게 교류하며 경계를 허물고 서로를 이해하는 공동체를 지향한다. 바자회와 같은 일시적인 행사에 그치지 않고, 일상적인 생활에서 상호작용이 이루어지도록 설계된 이곳은 고령화 사회에 필요한 새로운 주거 형태로 주목받고 있다.

셰어 가나자와는 고령자, 장애인, 지역 주민 등 다양한 세대가 공생하며 서로 의지하는 '생애활약마을'을 구현한 모델이다. 이곳은 서비스지원형 고령자 주택, 학생용 주택, 장애 아동 입소 시설이 마련되어 있어, 고령자, 대학생, 장애 아동이 한 공간에서 자연스럽게 생활하며 교류할 수 있다. 고령자 주택은 반려동물과 함께 지낼 수 있도록 설계되어 정서적 안정감을 제공하며, 외부 사업자 10명에게 무료로 점포와 사무실을 빌려주어 활기 있는 거리 환경을 조성했다. 셰어 가나자와는 다양한 세대가 어우러져 활기차고 따뜻한 공동체를 형성하고, 도시 생활에 활력을 더하는 공생 모델을 제시한다.

각 시설은 개별 건물로 구성되어 있으며, 장애 아동, 고령자, 학생을 위한 구역을 따로 구분하지 않고 '어울림'을 테마로 건물이 배치되었다. 자폐증이 있는 아이들이 사는 집, 서비스지원형 고령자 주택, 학생 주택은 서로 가까운 거리에 위치해 있으며, 문을 열기만 하면 자연스럽게 얼굴을 맞대고 소통할 수 있는 구조다.

서비스지원형 고령자 주택의 출입구는 골목길과 접해 있어 다른 입주자나 이웃이 쉽게 만날 수 있도록 설계되었다. 도로 폭은 한 사람이 걸을 수 있을 정도로 의도적으로 좁게 설계되어, 매일 옆집이나 건너편 주민들과 자연스럽게 인사를 나누고 교류할 수 있도록 했다. 길을 걷다가 반대쪽에서 걸어오는 사람을 만나면 마주 보며 지나가거나 교차할 때 자연스럽게 소통이 일어나며, 양보하거나 시선을 마주치며 인사를 하고 대화를 할 수도 있다. 이러한 좁은 길은 주민 간의 작은 교감을 유도해 이웃과의 관계를 형성하고, 일상 속 소통을 자연스럽게 만들어 준다.

셰어 가나자와는 다양한 시설과 프로그램을 통해 주민 간의 자연스러운 교류를 장려하는 복합 커뮤니티다. 온천, 레스토랑, 매점은 입주민들이 자주 모여 소통할 수 있는 공간으로 활용되며, 애견 공원, 알파카 목장, 소규모 농원 등은 지역 주민들에게 휴식과 교류의 장이 된다. 또 셰어 가나자와에서는 미술대 학생들이 고령자나 장애

아동을 대상으로 그림을 가르치거나 예술 프로그램을 운영하며, 활발한 문화적 교류가 이루어진다.

거주 인구는 약 100명 정도로 비교적 소규모이지만, 다채로운 시설과 프로그램 덕분에 외부 방문자들의 유입이 많아 활기차고 생동감 넘치는 분위기를 유지하고 있다. 특히 강아지 산책을 통해 자연스럽게 대화가 이루어지는 등 동물을 매개로 한 주민 간 소통이 활발히 이루어지는 점이 돋보인다.

셰어 가나자와의 주요 특징 중 하나는 세대 간 봉사활동을 통해 자연스럽게 교류를 유도한다는 점이다. 이곳에 입주한 학생들은 저렴한 임대료 혜택을 받는 대신, 단지 내 어린이와 고령자를 대상으로 매월 30시간의 봉사활동을 수행해야 한다. 이를 통해 각 세대가 서로의 필요를 채워주며 자연스럽게 상호 의존적인 관계를 형성하게 된다.

뿐만 아니라, 단지 내에 입주한 외부 사업자들도 지역 사회와의 유대 강화를 위해 최소 1가지 이상의 지역 공헌 활동을 자발적으로 계획하고 실천해야 하는 조건을 충족해야 한다. 이처럼 다양한 세대가 공존하며 서로가 도움을 주는 공동체는 현대 사회가 직면한 고립과 단절 문제를 해결할 수 있는 중요한 대안으로 자리 잡고 있다.

나이 들어 어디서 살 것인가

시설을 넘어,
사람 중심의 주거로

유니트 케어, 더 작게 더 세심하게

오늘날 노인복지시설은 대규모 시설 중심에서 소규모 시설로의 전환이 필요해지고 있다. 대규모 복지시설은 많은 인원을 수용할 수 있어 관리 효율성이 높지만, 그 속에서 노인들이 고립감을 느끼고 자율성을 상실하는 문제를 겪고 있다. 연구에 따르면, 대규모 시설에 입소한 노인은 수명이 단축될 가능성이 있으며, 특히 치매 환자에게는 대규모 시설이 적합하지 않다는 지적이 있다. 치매 환자는 개별적이고 세심한 돌봄이 필요한데, 대규모 시설에서는 제한된 인력으로 다수를 돌보다 보니 이러한 요구를 충족하기 어렵기 때문이다.

이 문제를 해결하기 위해 복지시설은 더 인간적이고 개별화된 돌

나이 들어 어디서 살 것인가

봄 환경을 제공하는 방향으로 변화해야 한다.

일본은 2006년부터 '소규모 다기능화 모델'을 도입해 복지시설의 구조를 혁신하고 있다. 과거 대규모 시설은 주로 외딴 산속에 위치해 노인들이 농업 외의 활동을 하기에 어려운 환경이었다. 반면, 소규모 복지시설은 노인이 살던 지역에 위치해 익숙한 환경 속에서 일상생활을 유지할 수 있게 한다. 이를 통해 노인은 정서적 안정을 얻고, 지역 사회와 자연스럽게 연결되며 삶의 질을 높일 수 있다.

대규모 복지시설은 병원 구조를 모델로 설계되어 주거 형태로는 부족하고, 노인들이 자율적으로 생활하기 어려운 환경을 만들었다. 이러한 환경에서는 프라이버시가 보장되지 않아 개별적인 돌봄보다는 집단적 관리가 이루어질 수밖에 없었다. 이를 해결하기 위해 소규모 복지시설은 점차 주거 형태로 변화하고 있으며, 고령자와 장애인이 젊은 세대나 비장애인과 함께 생활하도록 설계되고 있다. 일본은 이러한 변화의 일환으로 '유니트 케어Unit Care'를 도입해 가족 같은 분위기에서 노인이 독립적인 생활을 할 수 있도록 지원하며 보다 인간적이고 개인화된 돌봄 환경을 제공하고 있다.

특히 치매를 앓는 노인에게는 소규모 돌봄 환경이 더욱 효과적이다. 과거 치매 전문병원에서는 문제 행동을 약물이나 물리적 제약을 통해 억제하는 경우가 많았으나, 이는 오히려 노인에게 불안감을 조성해 증상을 악화시키는 원인이 되었다. 이러한 문제를 해결하기 위해 도입된 소규모 돌봄 환경인 '그룹홈Group Home'은 치매 환자들이 자택과 같은 편안함을 느낄 수 있도록 돕는다. 그룹홈은 1인실로 구성된 독립적인 주거 공간을 제공해 노인들이 자율적으로 식사, 청소, 취미 활동 등을 할 수 있도록 한다. 이러한 환경은 치매 환자들에게 심리적 안정감을 주어 증상 악화를 방지하고 더 나은 삶의 질을 유지하는 데 큰 도움을 준다.

일본의 유니트 케어 방식은 한 유니트를 10명에서 15명 단위의 소규모 그룹으로 구성해 직원들이 입주 노인들과 깊이 있는 관계를 형성하며 세심한 돌봄을 제공할 수 있도록 설계된 방식이다. 이를 통해 노인들은 자율성을 유지하면서도 개별화된 돌봄을 받을 수 있는 환경에서 생활할 수 있다. 이러한 구조는 노인에게 안정감을 주고, 직원들에게는 보다 개인의 요구에 맞춘 돌봄을 제공할 수 있어 돌봄의 질이 향상되는 효과를 가져온다.

이제 복지시설은 노인을 수용하는 공간이 아니라, 자립적이고 존중받으며 생활할 수 있는 '주거' 개념으로 재구성되어야 한다. 일본의 '유이마루 다카시마다이라ゆいま~る高島平'는 이러한 변화의 모범 사례로, 120세대 중 45세대를 서비스지원형 고령자주택으로 운영하며 각 세대를 분산 배치해 다양한 세대가 자연스럽게 함께 어울리며 생활할 수 있는 환경을 제공하고 있다. 이곳은 노인들이 독립적인 생활을 유지하면서도, 일반 가정과 함께 생활하며 다른 세대와 자연스럽게 소통할 수 있는 환경을 제공한다.

이처럼 노인복지시설은 입소하여 머무는 장소가 아니라, 노인들이 자율적인 삶을 영위하며 세대 간 교류를 통해 활력을 얻을 수 있는 생활환경으로 변화하고 있다.

'유이마루 다카시마다이라'는 1개동의 120세대 중 45세대를 서비스지원형 고령자주택으로 운영하며,
다양한 세대가 자연스럽게 어울려 생활할 수 있는 환경을 조성했다.

소규모 시설, 네트워크로 잇다

소규모 복지시설은 노인에게 가정적인 분위기와 개별화된 돌봄을 제공하는 데 유리하지만, 자원과 인력의 부족으로 운영에 어려움을 겪을 수 있다. 이를 해결하기 위해 여러 소규모 복지시설을 하나의 네트워크로 연결하는 방식이 주목받고 있다.

네트워크화된 소규모 복지시설은 자원과 인력을 효율적으로 공유할 수 있는 시스템을 구축하여 각 시설이 독립적으로 운영되면서도 필요한 경우 상호 협력할 수 있도록 한다. 이를 테면, 한 시설에 의료 인력이 부족하면 네트워크 내 다른 시설에서 의료 인력을 파견받아 서비스를 제공할 수 있다. 또한 고가의 의료 장비나 재활 장비도 네트워크 내에서 공동으로 사용하여, 개별 시설이 장비를 구입하지 않고도 경제적이고 효율적인 운영이 가능하다. 이를 통해 비용 절감과 서비스 질 향상을 동시에 이루며, 시설 운영의 안정성도 강화할 수 있다.

이 시스템은 노인들에게 더욱 다양한 맞춤형 서비스를 제공할 수 있는 환경을 조성한다. 각 시설이 특화된 서비스를 제공하고 이를 네트워크 내에서 공유함으로써, 노인은 자신의 필요에 맞는 서비스를 선택적으로 이용할 수 있다. 한 시설은 치매 환자 전문 돌봄 서비스를, 다른 시설은 재활 치료나 심리 상담 서비스를 제공한다면, 노인은 자신의 건강 상태와 요구에 맞는 도움을 받을 수 있는 방식이다. 이러한 체계는 노인이 더욱 개별적이고 세심한 돌봄을 경험할 수 있도록 하여 삶의 질을 한층 높이는 데 기여한다.

또한 네트워크화된 소규모 복지시설은 세대 간 교류를 촉진하는 데도 중요한 역할을 한다. 어린이집과 노인복지시설을 하나의 네트워크로 운영할 경우, 노인과 아이들이 자연스럽게 교류할 기회를 얻게 된다. 이러한 세대 간 교류는 노인과 아이 모두의 정서적 건강에 긍정적인 영향을 미치고, 사회적 고립감을 줄이는 데 효과적이다.

지역 사회와의 연계성 역시 네트워크화된 소규모 복지시설의 중요한 장점 중 하나다. 여러 소규모 시설이 지역에 분산되어 운영되면, 지역 주민과의 상호작용이 자연스러워지고, 지역 내 복지 서비스의 접근성이 높아진다. 예를 들어, 빈집이나 폐교 같은 유휴 자산을 복지시설이나 커뮤니티 공간으로 전환하면 지역 자산을 재활용하고 지역 경제 활성화에도 기여할 수 있다. 이는 다양한 세대가 함께 어우러질 기회를 제공하며, 지역 사회와 상생하는 복지 환경을 조성하는 데 도움을 준다.

특히, 익숙한 환경에서 생활하는 것은 노인의 정서적 안정에 큰 도움을 준다. 빈집을 소규모 요양시설로 개조할 때, 노인에게 익숙한 공간감을 유지하고 친숙한 재료를 사용하면 노인이 정서적으로 편안함을 느낄 수 있다. 이는 특히 인지 장애를 겪는 노인에게 긍정적인 영향을 미쳐 생활환경의 안정감을 제공한다.

마지막으로, 이러한 네트워크 모델은 지역 자원을 활용하여 지역 사회를 재생하는 데에도 기여한다. 고령화와 인구 감소로 빈집과 유휴 자산이 증가하는 현실 속에서 이를 복지시설로 전환하여 지역 주민들에게 일자리와 경제적 기회를 제공할 수 있다. 일본의 '와지마 가부레(輪島KABULET 프로젝트'는 빈집을 소규모 복지시설로 개조하고, 지역 주민과 관광객이 함께 어우러지는 커뮤니티 공간으로 활용한 사례다. 이 프로젝트는 노인이 익숙한 환경에서 생활할 수 있는 기회를 제공하여 정서적 안정감을 높이고 사회적 고립을 방지하는 데 기여했다.

결론적으로, 소규모 복지시설을 네트워크로 연결하는 방식은 개별 시설의 한계를 극복하고, 보다 촘촘하고 세심한 돌봄 서비스를 제공할 수 있는 효과적인 대안이 될 수 있다.

빈집을 소규모 복지시설과 커뮤니티 공간으로 개조해 노인의 정서적 안정과 사회적 교류를 지원한 사례다. 인근에는 건강 증진 시설, 생활 지원 시설을 통해 지역 주민과 노인을 밀착 지원한다. ──────

거점을 중심으로 모여라: 와지마 가부레

'와지마 가부레輪島KABULET 프로젝트'는 일본 이시카와현 와지마시에서 지역 자원을 활용해 소규모 복지시설을 네트워크로 연결한 성공적인 사례다. 이 프로젝트는 방치된 빈집과 빈터를 개조해 고령자, 장애인, 지역 주민 모두에게 혜택을 제공하는 종합 복지 모델을 구축함으로써, 지역 공동체의 재생과 경제 활성화에 크게 기여했다.

와지마시는 전통 옻칠 공예인 '와지마누리'로 유명했지만, 인구 감소와 고령화, 지진 피해로 빈집과 빈터가 증가하면서 지역의 활력을 점점 잃어가고 있었다. 이러한 문제를 해결하기 위해 시작된 와지마 가부레 프로젝트는 지역 자원을 활용한 소규모 복지시설을 구축하고 이를 네트워크로 연결함으로써, 지역 재생과 노인 복지를 동시에 실현하는 것을 목표로 삼았다. 특히, 개조된 건물들은 와지마의 전통 옻칠 공예를 적용해 리모델링되어 역사적·문화적 가치를 보존했다.

와지마 가부레는 다양한 세대가 어우러질 수 있는 복합 공간으로 설계되었다. 복지 시설뿐만 아니라 레스토랑, 카페, 커뮤니티 공간을 함께 운영해 어린이와 노인이 자연스럽게 교류할 수 있는 환경을 조성했다. 그 결과 어린이들은 레스토랑과 커뮤니티 공간에서 노인들과 소통하고, 노인들은 아이들과 교류하며 외로움을 덜 수 있었다.

이 프로젝트는 지역 경제 활성화에도 크게 기여했다. 카페, 소바 가게, 천연 온천 등 상업 시설을 통해 지역 주민과 관광객 모두가 이용할 수 있는 공간을 제공하며 경제에 긍정적인 영향을 미쳤다. 고령자 주택 입주자들은 시설 내 소바 가게에서 일하며 임대료를 충당할 수 있고, 지역 주민들에게도 일자리를 제공해 자립과 사회적 참여를 촉진한다.

와지마 가부레는 와지마시 전역에 분산 배치되어 네트워크 형태를 이루고 있다. 와지마시 중심부에 위치한 와지마 가부레 거점 시설을 중심으로, 여러 방향으로 주거 시설이 퍼져 지역 주민들과 자연스럽게 어우러지는 구조로 설계되었다.

거점 시설 앞 골목에는 커뮤니티 시설이 여러 건물로 나뉘어 배치되어, 주민들이 보다 쉽게 접근할 수 있도록 설계되었다. 이 커뮤니티 시설은 와지마 가부레 거점시설을 포함해 5채의 빈집과 빈터를 증·개축하여 조성되었으며, 다양한 기능을 갖춘 공간으로 운영되고 있다.

와지마 가부레 거점 시설에는 소바 가게 '와지마 야부카부레輪島やぶかぶれ', 천연 온천, 족욕장, 주민 자치실, 아동 발달 지원센터 등 다양한 시설이 마련되어 있어, 주민들이 편리하게 이용하며 소통과 교류를 이어갈 수 있는 환경을 제공한다.

또한, 고령자 데이케어 서비스센터가 인근에 위치해 노인들의 편의를 돕고, 건강 증진 시설인 '곳차! 웰니스 와지마GOTCHA! WELLNESS 輪島'와 부모와 자녀가 함께 즐길 수 있는 셀프서비스 카페 '카페 가부레Café KABULET'를 통해 지역 주민의 건강과 생활을 밀착 지원하는 복합 공간으로 자리 잡았다.

와지마 가부레 거점 시설에서 200~300m 거리에 있는 서비스지원형 고령자주택 '신바시주택新橋邸', 여성 장애인용 그룹홈 '아산테

ASANTE', 장애인 단기 입소 주택 '카사 가부레Casa KABULET 2' 역시 기존 빈집을 개조한 시설들이다. 또한 전통 일본 가옥인 '마치야町家'를 개조한 게스트하우스 '우메노야うめのや'와 창의적 협업 공간인 '코워크 우메노야Co-work UMENOYA'도 마련되었다. 이와 함께, 빈 점포를 개조한 이륜차 전용 차고 '우메노야 가레지하우스UMENOYA GARAGE HOUSE'는 지역 주민과 관광객 모두가 활용할 수 있는 시설로 자리 잡았다.

이러한 소규모 복지시설은 건물 외관이나 시설명이 일반 주택과 크게 다르지 않아 지역 경관과 조화를 이루고 있다. 빈집을 활용한 복지시설 조성 방식은 지역 자산을 재활용하는 동시에 노인들에게 익숙한 환경에서 생활할 기회를 제공해 정서적 안정감을 높이는 데 효과적이었다.

나이 들어 어디서 살 것인가

'와지마 가부레' 거점 시설에는 소바 가게, 천연 온천, 족욕장, 주민 자치실, 아동 발달 지원센터 등 다양한 시설이 마련되어 소통과 교류할 수 있는 환경을 제공한다.

'와지마 가부레' 거점 시설에서
200~300m 거리에 위치한 서비스
지원형 고령자주택 '신바시주택'은 1층에
거실과 외부와 연결된 데크를
갖추고 있다.

고령화 도시의
해법은 있다

텅 빈 도시, 반가운 솔루션

기존 복지시설은 주로 고령자나 장애인을 대상으로 운영되었기 때문에 접근이 제한적이고 활용도가 낮다는 한계를 지니고 있었다. 특히 인구 감소가 진행 중인 지방 도시는 자원이 한정되어 있어 다양한 계층을 위한 복지시설을 각각 운영하기 어려운 현실에 직면해 있다. 이러한 문제를 해결하기 위해서는 여러 기능을 하나의 공간에 결합한 다기능 복합시설이 필요하다.

다기능 복합공간은 특정 연령층에 한정되지 않고, 모두를 위한 열린 공간이다. 이를 통해 고령자뿐 아니라 다양한 세대와 계층이 자연스럽게 어우러질 수 있는 환경을 제공할 수 있다. 이런 공간은 각 연령대를 위한 시설이 분리되어 혐오시설로 여겨지는 문제를 해소하고 지역 사회의 커뮤니티 중심지로서 역할을 수행할 수 있게 한다.

다기능 복합공간을 만들기 위해서는 복지시설에 다양한 기능과 서비스를 결합하는 방안을 고려해야 한다. 예를 들어, 요양시설에 헬스장이나 카페를 추가하여 고령자와 젊은 세대가 함께 건강 관리를 할 수 있도록 하고, 복지시설 내 상업시설을 도입하여 주민들이 자주 방문할 수 있는 환경을 조성할 수 있다. 또한, 카페, 정원, 갤러리 등의 공간을 마련하면 주민들이 자연스럽게 소통하고 휴식을 취할 수 있어 복지시설이 주민들의 일상 속에 자리 잡는 데 기여한다.

복합화된 복지시설은 공간의 효율성을 극대화하는 점에서 특히 주목받고 있다. 인구가 줄어드는 상황에서 고령자, 장애인, 어린이를 위한 시설을 각각 개별적으로 설계하고 운영하는 것은 비효율적이다. 반면, 복합화된 공간은 특정 시간대나 특정 계층에 국한되지 않고, 다양한 사람들이 언제든지 이용할 수 있는 다목적 공간으로 운영될 수 있다. 예를 들어, 요양시설과 아동시설을 결합하거나, 고령자 식당을 누구나 이용 가능한 레스토랑으로 전환해 가족 단위 방문을 유도할 수 있다. 또한, 요양시설에 헬스장을 추가해 젊은 세대도 함께 이용하도록 하면, 공간 활용도를 높이는 동시에 지역 사회의 커뮤니티 공간 역할을 할 수 있다.

이러한 복합공간은 세대와 계층을 초월한 소통의 장이 된다. 카페, 정원, 헬스장 등은 특별한 목적 없이도 주민들이 자연스럽게 방문할 수 있는 장소가 되며, 이를 통해 고령자와 젊은 세대가 한 공간에서 대화를 나누며 세대 간 이해와 소통이 자연스럽게 이루어진다. 이러한 교류는 지역 사회의 응집력을 강화하고 활기찬 커뮤니티 형성에 기여한다.

더 나아가, 복합화된 복지시설은 지역 경제 활성화에도 보탬이 될 수 있다. 온천, 식당, 카페 등 상업시설을 함께 운영하면 주민들의 자발적인 방문이 늘어나며, 이는 수익 창출로 이어져 시설 운영의 지속 가능성을 높인다. 특정 계층에 한정된 기존의 복지시설과 달리, 복합공간은 모든 주민이 이용할 수 있어 경제적 안정성과 사회적 통합을 동시에 추구할 수 있다. 결과적으로, 복합화된 복지시설은 세대와 계층을 아우르는 열린 커뮤니티로, 공간의 효율성과 사회적 가치, 경제적 지속 가능성을 모두 실현하는 진정한 의미의 복지공간으로 자리 잡을 것이다.

복지시설은 어디에 위치하는 게 좋을까?

복지시설은 돌봄 공간에서 다양한 집단 간, 그리고 세대 간에 활발한 교류를 촉진하는 장소로 변화해야 한다. 과거에는 주로 고령자나 장애인 돌봄에 집중해 접근성이 낮고 폐쇄적인 경향이 있었지만, 이제는 주민들과 일상 속에서 자연스럽게 모이고 소통하고 교류할 수 있는 커뮤니티의 중심 역할을 해야 한다.

주민들이 모이게 하려면 복지시설의 위치를 전략적으로 선정해야 한다. 과거 복지시설은 주로 도시 외곽이나 부지 비용이 저렴한 곳에 지어져 주민들이 쉽게 방문할 수 없었다. 그러나 현대 복지시설은 도심지나 생활권 내에 자리 잡아 주민들이 쉽게 접근할 수 있어야 한다. 예를 들어, 도심 내 걷기 좋은 가로변에 위치하고 넓은 입구로 연결된 시설은 주민들이 일상적으로 드나들기 좋은 열린 커뮤니티 공간이 될 수 있다.

기존의 분산된 시설을 하나의 네트워크로 통합하고, 공간을 효율적으로 배치하여 지역 주민들이 쉽게 접근하고 자주 이용할 수 있도록 만드는 것은 교류를 촉진하는 데 중요한 역할을 한다. 접근성이 좋은 위치에 복지시설을 배치하면 주민들은 특별한 목적이 없더라도 자연스럽게 시설을 방문하게 되며, 이를 통해 고령자들은 지역 사회와의 연결 기회를 더욱 넓힐 수 있다.

교류 촉진의 핵심 요소 중 하나는 '열린 공간'이다. 열린 공간은 주민들이 특별한 목적 없이도 자유롭게 들르고 머무를 수 있는 장소로, 자연스럽게 교류할 기회를 제공한다. 예를 들어, 정원, 반려동물 운동장, 카페, 식당 같은 공간은 주민들이 쉽게 접근하고 시간을 보낼 수 있는 장소로 활용되며, 복지시설 이용자와 지역 주민 간의 소통과 교류를 촉진하는 접점 역할을 한다. 이러한 공간은 특정 계층이나 세대에 국한되지 않고 누구나 함께할 수 있는 환경을 제공하여, 주민들이 일상을 공유하고 유대감을 형성할 수 있는 기회를 만들어낸다. 주민들이 이러한 공간을 자주 찾고 머무르게 되면, 복지시설은 자연스럽게 지역 공동체의 중심지로 자리 잡게 된다.

복지시설의 불리적 구조와 공간 설계는 사람들 간의 교류를 촉진하는 데 중요한 역할을 한다. 공간을 개방적이고 투명하게 설계하면, 주민들이 서로를 쉽게 인식하고 자연스럽게 소통할 수 있어 교류가 활발해진다.

유리문은 내부와 외부의 경계를 완화해 사람들이 서로를 인식하고 편안하게 다가갈 수 있도록 돕는다. 개방적인 내부 구조는 특정 장소에 머물더라도 다른 사람들과 자연스럽게 교류할 기회를 제공한다.

데크와 거실이 마주 보는 구조는 사람들이 쉽게 서로를 인식하게 하고, 칸막이가 적고 연결된 구조는 주민들이 더욱 자유롭고 편안하게 교류할 수 있도록 돕는다. 전망이 좋은 공간이나 열린 구조는 자연스러운 소통을 유도하며, 이를 통해 친밀한 관계를 형성하는 데 기여한다.

이처럼, 복지시설이 지역 주민들에게 열린 공간이 되면, 주민들은 더 자주 시설을 찾게 되고, 그 공간은 다양한 세대와 계층이 어우러져 교류할 수 있는 장으로 기능하게 된다.

도시의 활기를 되찾다: 산소니모쿠 교젠지

'산소니모쿠 교젠지'는 복지시설이 지역 커뮤니티의 거점으로 발전한 성공적인 사례로, 기존에 특정 용도와 세대에 한정해 서비스를 제공하던 복지시설과는 차별화된 접근 방식을 보여준다. 근대 도시

계획은 구획을 명확히 나누어 도시를 효율적으로 설계했지만, 오늘날 인구 감소와 고령화에 직면한 지방 도시들은 이러한 구획 방식의 한계를 체감하고 있다. 상업적 성장만으로는 도시를 활성화하기 어렵고, 특정 세대만을 고려한 전통적인 계획 또한 효과적이지 않다.

이시카와현 하쿠산시에 위치한 산소니모쿠 교젠지는 이러한 문제를 해결하기 위해 '어울림'이라는 철학을 바탕으로, 세대와 기능을 자유롭게 교류할 수 있는 커뮤니티 거점으로 자리 잡았다.

산소니모쿠 교젠지는 온천, 식당, 꽃집, 헬스장, 고령자 및 아동 데이케어, 보육원, 진료소 등 다양한 기능을 통합한 다기능 복합공간으로, 모든 연령층과 다양한 필요를 가진 사람들이 한곳에서 서비스를 이용하며 교류할 수 있는 환경을 조성했다. 가령 치매를 앓게 되어 복지 서비스가 필요하게 된 경우에도, 이전과 동일한 공간을 계속 방문하며 기존 공동체와의 연결을 유지할 수 있다. 산소니모쿠 교젠지는 특정 세대나 용도에 구애받지 않는 공간을 제공하여 지역사회에서 일상적 교류가 가능한 커뮤니티의 거점이 되었다.

중정(안뜰)은 산소니모쿠 교젠지의 중심적 요소로, 사람들이 자연스럽게 모이는 장소로 설계되었다. 이 중정을 중심으로 다양한 시설이 배치되어 있어 물리적, 심리적 경계를 허물고 사람들을 한 공간으로 끌어들이는 역할을 한다. 아이들은 중정에서 자유롭게 뛰놀고, 주민들은 이곳을 바라보며 휴식을 취하거나 담소를 나누며 교류를 이어간다.

이러한 구조는 모든 세대가 공동체 의식을 갖고 어우러질 수 있는 환경을 조성하며, 서로 다른 필요를 가진 사람들이 조화를 이루고 화합할 수 있는 기회를 세공한다.

산소니모쿠 교젠지는 명확한 경계를 두지 않고 각 시설을 유기적이고 개방적으로 배치하여 주민들이 자연스럽게 다양한 공간을 오갈 수 있도록 설계되었다. 온천, 식당, 건강센터, 진료소, 주민자치실 등 다양한 시설이 물리적 구분 없이 배치되어 있어 방문객들은 자유롭게 이동하며 교류할 수 있다.

이와 같은 유기적 배치는 각 시설의 다기능성을 극대화하며, 특정 장소나 용도에 구애받지 않고 다양한 활동을 유연하게 즐길 수 있는 환경을 제공한다. 특히 중정에서 놀고 있는 아이들의 웃음소리가 온천이나 사무실까지 들려오는 구조는, 세대와 계층이 자유롭게 소통하고 공유하는 분위기를 만들어낸다.

산소니모쿠 교젠지의 핵심 철학인 '어울림'은 아이와 어른, 장애인과 비장애인, 치매 환자와 건강한 사람들이 차별 없이 함께 소통하고 어우러질 수 있는 환경을 조성하는 것을 의미한다. 온천에서는 노인과 젊은 세대가 자연스럽게 담소를 나누며 교류하고, 중정에서는 장애가 있는 아이와 비장애 아동이 함께 놀며 어울릴 수 있는 공간이 마련되어 있다. 이처럼 다양한 사람들이 서로의 존재를 인식하고 교류할 수 있는 통합공간은 서로 다른 배경과 필요를 가진 사람들이 사회적으로 연결되고 이해하도록 유도한다. 이러한 구조는 기능적인 공간을 넘어, 나와 다른 사람들과의 상호작용을 통해 진정한 사회적 통합을 실현하는 데 중요한 역할을 한다.

이 외에도 산소니모쿠 교젠지는 지역 경제와 사회적 연대를 강화하는 커뮤니티 거점으로서 중요한 역할을 하고 있다. 온천, 건강 센터, 식당, 카페 등 다양한 상업 시설이 모여 있어, 지역의 경제적 자립과 지속 가능성을 높이고 있다.

그와 더불어, 장애가 있는 주민에게 일자리를 제공함으로써 그들이 지역 사회와 적극적으로 연결되고 자립할 수 있도록 뒷받침한다. 이러한 이유로 주민들은 산소니모쿠 교젠지를 자주 찾으며, 지역 공동체가 자생적으로 활성화되는 원동력이 된다.

산소니모쿠 교젠지는 인구 감소와 고령화로 활기를 잃어가는 지방 도시들이 기존의 상업 중심 부흥 방식에서 벗어나, 공동체 중심지로 발전할 가능성을 보여준다. 여러 세대와 기능이 어우러진 다기능 복합 공간을 통해 지역 사회의 자생력을 되살리는 새로운 모델로, 이는 고령자들이 안정적으로 지역에 정착하고 생활할 수 있는 중요한 기반이 되고 있다.

나이 들어 어디서 살 것인가

'산소니모쿠 교젠지'는 온천, 식당, 꽃집, 헬스장, 데이케어, 보육원, 진료소 등 다양한 기능을 통합한 다기능 복합공간으로, 세대와 계층을 초월한 교류와 서비스를 제공하는 커뮤니티 거점이다.

공간이
곧 복지다

한순간에 이방인이 되다

복지시설은 모든 주민에게 열려 있어야 한다. 그러나 현재 복지시설을 방문할 때 흔히 듣게 되는 인사는 "어서 오세요"가 아닌 "무슨 일로 오셨어요?"이다. 이는 복지시설이 특정 서비스를 제공하는 곳으로만 인식되고, 방문객이 마치 이방인처럼 느끼게 만드는 전형적인 예다. 주민들은 공공시설의 주인으로서 자연스럽게 이용할 수 있어야 하지만, 현실에서는 마치 남의 집을 방문하듯 눈치를 보며 이용해야 하는 상황에 직면한다. 특히 특정 세대나 계층만을 대상으로 하는 시설일수록 이러한 분위기는 더욱 두드러진다.

노인복지관, 청소년문화의집, 어린이회관과 같이 세대별로 이용 대

나이 들어 어디서 살 것인가

상을 구분한 복지시설은 해당 세내의 전유 공간으로 인식되기 쉽다. 이러한 구조는 다른 세대의 접근을 제한하여 세대 간 및 지역 간 단절을 초래할 수 있다. 이를 해결하기 위해 복지시설의 1층을 모든 세대가 자유롭게 이용할 수 있는 열린 공간으로 개방하여 모든 세대가 자연스럽게 교류할 수 있도록 할 필요가 있다.

복지시설의 1층은 접근성이 뛰어나 누구나 쉽게 드나들 수 있는 최적의 위치에 있다. 예를 들어, 기존에는 노인복지관이나 청소년문화의집이 각각 노인과 청소년만을 위한 공간으로 제한되었지만, 1층을 누구나 이용할 수 있는 개방된 커뮤니티 공간으로 전환하면 세대 간의 벽을 넘어서는 자연스러운 만남과 교류가 가능해질 것이다. 이처럼 서로 다른 세대가 같은 공간에서 어울릴 기회를 제공하면, 세대 간 이해와 공감대가 형성되어 세대 차이로 인한 갈등이 완화될 가능성도 높아진다.

서울시 성동구청의 '책마루'는 공공시설의 새로운 가능성을 제시한 사례다. 기존에 구청은 행정 업무를 처리하는 공간으로만 인식되었으나, 책마루는 1층을 주민들이 자유롭게 책을 읽고, 휴식하며, 소통할 수 있는 '도시의 거실'로 변모시켰다. 이는 공공시설이 행정 서비스를 제공하는 공간을 넘어 일상에서 쉽게 접근 가능한 복합 문화 공간으로 발전할 수 있음을 보여준다.

세대별로 구분된 복지시설은 각 세대의 요구를 충족시키는 데 유리한 측면이 있지만, 동시에 세대 간 단절을 초래할 위험도 있다. 노인복지관은 노인들만의 공간, 청소년문화의집은 청소년들만의 공간으로 운영되면서, 서로 다른 세대의 접근이 차단되기 쉽다. 하지만 복지시설의 1층을 개방하여 모든 세대가 자유롭게 사용할 수 있는 공간으로 전환한다면, 세대 간에 저절로 교류가 이루어지고 서로의 경험과 지혜를 나누며 오해와 갈등을 줄일 수 있을 것이다.

복지시설이 특정 집단의 전유물로 인식되면, 다른 집단에게는 혐오시설로 여겨질 위험이 있다. 노인복지관이 주민들에게 불편한 장소로, 청소년문화의집이 소음의 공간으로 인식되는 식이다. 이러한 편견은 세대 간 소통과 이해 부족에서 비롯되며, 이를 해소하기 위해 복지시설의 1층을 개방하여 세대와 계층을 아우르는 공간으로 전환할 필요가 있다. 열린 공간은 세대 간 이해와 존중을 불러와 지역 사회의 유대감을 강화할 수 있다. 모든 복지시설의 주인은 모든 주민이다.

1층, 어떻게 개방할 것인가

복지시설의 1층을 개방형 커뮤니티 허브로 조성하면 모든 세대가 자유롭게 이용할 수 있는 소통의 장이 된다. 노인복지관, 청소년문화의집 등 특정 세대에 한정된 공간도 1층을 개방하면 세대 간 만남과 교류가 가능해진다. 카페, 공유 주방, 다목적 프로그램 공간 등을 마련하여 주민들이 편안하게 모이고 교류할 수 있도록 함으로써 세대 간 경계를 허물고 서로에 대한 이해와 존중이 형성될 수 있다.

나이 들어 어디서 살 것인가

공공시설 1층의 개방은 공간 불균형 해소와도 연결된다. 서울시 강동구는 고층 아파트 단지와 저층 다세대·연립주택 지역 간 커뮤니티 시설의 불균형을 해소하기 위해, 아파트에 거주하지 않는 구민도 다양한 공공시설을 쉽게 이용할 수 있도록 복지시설의 1층을 개방형 커뮤니티 공간으로 전환했다. 강동구의 노인복지관, 경로당, 청소년문화의집 등의 1층에는 누구나 자유롭게 드나들 수 있는 커뮤니티 공간이 마련되었으며, 북카페 등이 함께 조성되어 다양한 세대가 편안하게 어울릴 수 있는 '모두의 거실'로 기능하고 있다. 이 공간에서 지역 주민들은 소통하며 교류하고 있다.

특히 고령화 사회에서는 개방형 공공시설이 고령자의 외로움과 사회적 고립감을 해소하는 데 중요한 역할을 한다. 구립 복합문화공간인 '천호마을활력소'의 1층 '마을 사랑방'이나, 중장년 직업 교육 등을 지원하는 '50플러스 센터'의 1층 카페는 주민들이 편안하게 머무르며 소속감을 느낄 수 있는 공간으로, 그들의 삶에 온기를 더해준다. 이처럼 커뮤니티 공간의 문턱을 낮추면 모든 이가 부담 없이 방문하는 일상의 일부로 자리 잡게 된다.

복지시설의 1층 공간은 다양한 문화예술 프로그램을 통해 세대 간 소통의 장을 제공하는 데 큰 의미가 있다. 예를 들어, 청소년이 주최하는 공연에 노인이 관객으로 참여하거나, 미술 전시와 영화 상영회를 운영하면 서로의 문화를 이해하는 폭이 넓어지고, 세대 간 문화 차이를 좁힐 수 있는 계기가 된다. 다양한 세대가 함께 문화를 즐기며 소통하는 과정은 지역 사회의 통합을 돕는 데 중요한 역할을 한다.

결국, 복지시설의 1층을 '모두의 거실'로 조성하는 것은 세대 간 소통과 교류를 활성화하는 효과적인 전략이다. 집안의 거실이 가족이 모여 소통하는 장소라면, 복지시설의 1층은 다양한 세대가 모여 교류할 수 있는 '모두의 거실'이 될 수 있다. 이곳에서 노인들은 청소년들과의 대화를 통해 젊은 세대의 에너지를 경험하고, 청소년들은 노인들의 삶의 지혜를 배우며 상호 존중하는 문화를 형성할 수 있다.

　따라서 복지시설의 1층은 주민들이 소통하고 소속감을 느낄 수 있는 열린 공간으로 자리 잡아야 한다. 이는 특정 세대나 계층에 국한된 공간이 아니라 모든 세대가 함께 사용하는 공간으로, 세대 간 갈등을 줄이고 지역 사회의 통합을 이루는 데 기여할 수 있을 것이다.

복지시설의 1층은 다양한 세대가 모여 교류할 수 있는 '모두의 거실'로, 노인들이 청소년들과 대화를 통해 젊은 세대의 에너지를 경험할 수 있는 공간이다. 서울시 강동구의 천호 청소년문화의집 1층

개방이 자연스러운 커뮤니티 만들기

한국에서 공동주택의 비율은 50%를 넘어섰으며, 모든 공동주택 단지 내에는 다양한 커뮤니티 시설이 마련되어 있다. 그러나 이 시설들은 특정 세대나 용도에 국한되어 운영되는 경우가 많아 세대 간 교류가 원활히 이루어지지 않고 있다. 공동주택 내 커뮤니티 시설은 세대 간 소통을 촉진하는 공간이 될 수 있다. 특히, 도시의 공동주택에는 커뮤니티 센터, 체육관, 독서실 같은 주민들이 이용할 수 있는 다양한 시설이 마련되어 있지만, 특정 세대에 맞춰 제한적으로 운영되고 있어 세대 간 교류의 기회를 놓치는 경우가 많다. 이러한 문제를 해결하려면 커뮤니티 시설을 개방형으로 전환하고, 모든 세대가 함께 참여할 수 있는 공간으로 운영하는 것이 중요하다.

공동주택 커뮤니티 시설을 연령별로 운영할 경우, 공간 부족과 운영비 증가 같은 문제도 발생할 수 있다. 이를 해결하기 위해 커뮤니티 시설을 개방적인 공간으로 전환하는 것이 필요하다. 기존에는 헬스장은 성인, 놀이방은 어린이 등 특정 세대가 주로 사용하는 공간으로 구분되었으나, 이러한 경계를 허물어 다양한 세대가 함께 어울릴 수 있는 열린 공간으로 바꾸는 것이다. 노인, 청소년, 중장년층 모두가 함께 이용할 수 있는 커뮤니티 센터가 마련된다면, 세대 간 자연스러운 소통과 이해가 증진될 것이다.

개방화를 실현하기 위해 두 가지 방안을 제시할 수 있다. 첫째, 공간을 재구성하는 것이다. 특정 세내만을 대상으로 했던 기존 방식에서 벗어나, 모든 세대가 자유롭게 이용할 수 있는 통합 공간으로 변화해야 한다. 헬스장, 놀이방, 독서실을 하나로 통합해 공유 주방, 커뮤니티 카페, 휴식 공간 등 다양한 기능을 갖춘 공간으로 조성하는 식이다. 둘째, 다양한 프로그램을 운영하는 것이다. 요리 교실, 운동 프로그램, 독서 모임, 영화 상영회 등 세대 간 교류를 유도하는 프로그램을 통해 서로의 경험과 문화를 공유할 기회를 마련함으로써 세대 간 이해와 소통을 증진할 수 있다.

일본 도쿄 올림픽 선수촌으로 사용되었던 '하루미晴海 단지'는 공동주택 각 동에 커뮤니티 시설을 배치하여 모든 주민이 쉽게 접근할 수 있도록 설계되었다. 각 주동의 1층은 주거 공간이 아닌 커뮤니티 공간으로 구성되어 있으며, 외부 정원과도 연결되어 개방적이고 자연 친화적인 환경을 제공한다. 또한, 각 주동마다 서로 다른 성격의 커뮤니티 시설을 배치해 주민들이 다양한 시설을 왕래하며 이용할 수 있도록 하고, 주민 간의 소통과 교류를 촉진하도록 했다.

시흥 은계지구와 같이 여러 단지로 구성된 지역에서 세대 간 교류와 유대감을 높일 수 있도록 단지별로 도예 공방, 댄스실, 목공방, 영화관, 요리실 등의 특화된 커뮤니티 시설을 두고 주민들이 자유롭게 왕래하면서 사용하도록 계획한 적이 있다. 하지만 계획에 그치고 말았다. 과연 이런 아이디어가 언제쯤 현실로 이어질 수 있을까?

'하루미 단지'는 각 주동의 1층을 커뮤니티 공간으로 구성하고 외부 정원과 연결해 개방적이고 자연 친화적인 환경을 제공한다.

치매 환자는
집에만 있어야 할까?

일하고 싶다, 비록 깜빡깜빡하지만

노인은 돌봄과 보호의 대상에 머무르지 않고, 지역 사회에서 적극적으로 참여할 수 있는 존재로 변화하고 있다. 노인은 오랜 경험과 지혜를 바탕으로 지역 사회와 연결될 수 있는 귀중한 자원이다. 과거에는 노인이 요양시설에 머물거나 집에 갇혀 지내면서 사회와의 연결이 단절되기 쉬웠으나, 초고령 사회에서는 노인이 사회와 상호작용할 수 있는 기회와 환경을 조성하는 것이 필수적이다.

노인이 지역 사회와 소통하기 위해서는 일상적인 외출과 산책이 중요하다. 외출하여 바깥 공기를 마시고 사계절의 변화를 느끼며 이웃과 인사를 나누는 것은 삶의 질을 높인다. 노인이 시장에 가서 물건을 사면서 상인들과 대화를 나누는 것은 그늘이 여전히 사회의 일원임을 느끼게 하는 중요한 활동이다. 하루 한 번 이상 타인과 교류하는 사람은 건강한 반면, 한 달에 한 번 정도만 교류하는 사람은 건강이 악화된다는 연구 결과는 이러한 교류의 중요성을 뒷받침한다.

노인이 지역 사회와 더 깊이 연결되기 위해서는 복지시설의 역할 변화가 필요하다. 기존의 복지시설이 노인을 보호하는 폐쇄적인 공간에 머물렀다면, 이제는 주민들과 자유롭게 소통할 수 있는 열린 공간으로 발전해야 한다. 복지시설 내에 카페, 도서관, 공동 작업 공간 등을 마련하여 지역 주민과 노인들이 자연스럽게 만날 기회를 제공할 수 있어야 한다. 복지시설은 단순히 돌봄 공간이 아니라 지역 사회와의 연결 고리로 기능해야 한다. 주민들이 시설을 방문해 노인과 교류하고 세대 간의 소통이 늘어나면, 노인이 사회적으로 고립되는 문제를 해소할 수 있다. 이 과정에서 노인은 사회의 일원으로서 소속감을 느끼며 지역 사회와 지속적으로 연결된 삶을 살 수 있다.

노인이 가진 경험과 지혜는 사회에 큰 자산이 된다. 이를 사회에 환원하는 활동은 노인의 자아실현에 도움이 될 뿐만 아니라, 지역 사회의 발전에도 기여한다. 노인이 어린이에게 농업 기술을 가르치거나 전통 공예를 전수하는 프로그램은 세대 간 유대감을 형성하며 후대에 소중한 지식을 전수하는 기회가 된다. 일본의 '에치고 츠마리^{越後妻有}'에서 열리는 '대지예술제^{大地の芸術祭}'에서는 농업 기술을 가진 노인들이 예술가들과 함께 예술품을 제작하고, 향토 요리를 선보이며, 행사장 관리에 참여하는 등 건강한 삶을 영위하고 있다. 이러한 활동은 노인이 자아실현을 이루고 삶의 의미를 되찾는 데 중요한 역할을 한다.

초고령 사회에서는 노인이 지역 사회에서 단절되지 않고 관계를 지속적으로 이어갈 수 있는 환경을 마련하는 것이 중요하다. 노인이 정기적으로 외출하며 지역 주민과 소통하는 것은 건강과 안정에도 긍정적인 영향을 미친다. 복지시설과 지역 사회가 협력해 노인이 마음 편히 외출할 수 있는 구조를 갖추는 것이 필요하다. "이 세상 어디에도 '노인'은 없으며, 현재의 나와 미래의 나만이 존재할 뿐이다"라는 말처럼, 나이는 숫자에 불과하다. 노인은 사회의 문제가 아니라 중요한 자원으로 다시 평가받아야 한다.

일본 '에치고 츠마리' 대지예술제의 키나레 미술관 식당에서 일하는 여성들로, 향토 요리를 선보이며 행사를 지원하고 있다.

몇 살까지 일하고 싶은가?

은퇴라는 개념은 이제 더 이상 노년층에게 당연하지 않다. 마티아스 홀위치가 말했듯이, "은퇴는 우리 사회가 발명한 최악의 아이디어"다. 사람은 나이가 들어도 자신의 취향과 삶의 방식을 유지하며, 끊임없이 자아를 실현해야 한다.

오늘날 노인은 퇴직 후에도 다양한 경제활동을 통해 자아를 실현하고 있다. 편의점을 운영하거나 택시 운전, 경비업에 종사하는 노인을 주변에서 쉽게 볼 수 있다. 우리 동네에도 70대 여성 두 분이 운영하는 편의점이 있다. 처음에는 늦은 시간까지 일하는 것이 걱정되기도 하고, 혹시라도 건강에 무리가 가지 않을까 염려했다. 그런데 어느덧 6개월이 지나갔고, 이제는 두 분 모두 능숙하게 편의점을 운영하고 계신다. 이틀에 한 번은 들러 응원의 말을 전하곤 하는데, 시작할 때보다 오히려 건강해졌다고 한다.

노인은 새로운 직업에 도전하며 제2의 인생을 설계하기도 한다. 영화 〈인턴〉이 이를 잘 보여주는 사례다. 주인공 벤은 은퇴 후 무료한 일상을 보내다가, 젊은 CEO 줄스가 운영하는 온라인 패션 회사에 시니어 인턴으로 합류하게 된다. 벤은 자신의 경험과 지혜로 직장 내에서 소통과 협력의 가교 역할을 하며, 젊은 직원들과 함께 성장해 나간다. 특히 줄스에게는 삶의 균형을 잡는 조언자로서, 회사의 안정뿐만 아니라 젊은 세대가 쉽게 간과할 수 있는 인생의 가치를 일깨워준다.

이 영화는 노인이 직장에서 소외되는 존재가 아니라, 사회에 기여할 수 있는 기회와 환경이 마련될 때 오히려 더 활기찬 삶을 살 수 있음을 강조한다. 또한, 노인의 사회 참여가 개인의 만족도를 높일 뿐 아니라 조직에도 긍정적인 영향을 미친다는 점을 잘 보여준다.

일본에서는 고령자가 직접 재배한 농산물을 지역 식당에 제공하고 식권을 받는 프로그램이 운영되고 있다. 이러한 경제활동은 노인들이 생산적인 활동을 하며 자부심을 느끼게 하고, 지역 경제 활성화에도 공헌한다.

일본의 '장수 응원 포인트 사업'은 고령자가 지역 사회에서 봉사활동이나 취미활동에 참여할 때 포인트를 지급하는 제도다. 이렇게 쌓은 포인트는 지역 상점가에서 사용 가능한 상품권으로 교환할 수 있다. 이 제도는 노인들이 사회에 활발히 참여하도록 유도하며, 경제적 보상을 제공하여 참여 동기를 부여한다. 또 포인트의 일부는 장수 응원 펀드에 기부되어 지역발전에도 기여한다. 이 시스템은 노인이 경제적 자립과 사회적 보람을 동시에 누리도록 돕는다.

노인이 경제활동을 지속하기 위해서는 유연한 근무환경이 필수이다. 일본에서는 워크셰어링work sharing이라는 시스템을 도입해 하루 몇 시간 또는 주 2-3회만 근무할 수 있도록 지원한다. 이는 노인의 체력 부담을 줄이면서도 그들이 사회적 역할을 이어갈 수 있도록 돕는다. 이러한 맞춤형 일자리는 노인들이 경제적 독립성을 유지하며 자아실현 욕구를 충족할 수 있도록 한다.

연구에 따르면, 경제활동에 참여하는 노인은 인지능력을 유지하고 우울증 예방에도 긍정적인 영향을 받는다. 일본에서는 노인이 방과 후 교실에서 어린이에게 농업과 자연 학습을 가르치며 세대 간 유대감을 형성하는 활동을 지원하고 있다. 이러한 상호작용은 노인의 정신적 안정감과 삶의 활력을 높여준다.

노인의 활발한 경제활동은 지역 경제 활성화와 사회적 연결에도 긍정적인 영향을 준다. 일본 하네다 공항에서는 노인들이 화장실 청소, 입국 심사 안내 등의 업무를 맡으며 공항 운영에 이바지하고 있다.

틀려도 계속 일할 수 있는 사회

치매는 노화 과정에서 흔히 발생하지만, 치매 환자는 사회에서 소외되는 경험을 하기 쉽다. 그들 역시 사회의 중요한 구성원으로 존중받아야 하며, 사회생활에 능동적으로 참여할 기회를 가져야 한다. 치매 환자가 사회에 기여하고 의미 있는 역할을 수행할 수 있는 환경을 조성하는 것은 삶의 질을 높이고, 사회와의 연대를 강화하기 위한 중요한 과제다.

치매 환자가 사회에 참여하는 첫걸음은 익숙한 환경에서 생활하며 간단한 일상 활동에 참여하는 것이다. 예를 들어, 차량 세차, 야채 배달, 편의점 물건 정리와 같은 일을 하면서 자신의 능력을 발휘할 수 있다. 이러한 활동은 자신이 여전히 유용한 존재라는 인식을 심어주며, 인지 기능을 자극해 치매 증상을 완화하는 효과도 있다.

일본에서는 초기 치매 환자가 아동 보육 도우미나 지역 청소 등 다양한 활동에 참여하도록 돕는 프로그램을 운영하고 있다. 이처럼 일상적인 활동에 참여하는 것은 치매 환자에게 자존감을 제공하고, 그들이 사회와 자연스럽게 연결될 수 있는 계기를 마련해 준다.

치매 환자가 사회의 일원으로서 존중받으며 살아가기 위해서는 지역 사회의 이해와 협력이 필요하다. 치매에 대한 인식을 높이고, 환자들이 다른 사람들과 자연스럽게 교류할 수 있는 환경을 조성하는 것이 중요하다. 일본의 '신 오렌지 플랜新オレンジプラン'은 치매 환자가 자신이 살던 지역에서 자립적인 생활을 유지하도록 지원하며, 그들의 의견과 선호를 존중하는 사회적 환경을 구축하는 것을 목표로 한다. 치매 환자는 돌봄의 대상이 아닌 능동적 참여자로 대우받아야 한다. 이를 위해 일본의 여러 지역에서는 치매 환자가 공원 청소, 화단 가꾸기 등 다양한 활동을 통해 사회에 공헌하는 프로그램을 운영하고 있다. 이처럼 일상적인 활동에 참여하는 것은 그들의 사회적 고립을 방지하고, 치매가 있어도 여전히 중요한 역할을 수행할 수 있도록 돕는다.

치매 환자가 활기찬 삶을 살기 위해서는 사회적으로 역할을 맡아 수행할 수 있는 일이 필요하다. 돌봄 시설에 머무르기만 하는 것은 그들의 정체성을 약화시키고 삶의 충족감을 감소시킬 수 있다. 누구나 남에게 도움이 되고자 하는 욕구가 있으며, 이를 충족할 때 자아실현의 기쁨을 느낀다. **일본의 편의점에서는 치매 환자가 아르바이**

나이 들어 어디서 살 것인가

트로 일할 수 있는 환경을 제공하고 있다. 세븐일레븐에서는 3명의 치매 환자들이 한 팀이 되어, 서로 협력하여 업무를 수행하도록 하고 있다. 아르바이트 비용은 3명이 나누어 갖는다. 이렇게 치매 환자가 스스로의 가치를 재확인할 기회를 제공하며, 사회와의 연결 고리를 유지하는 데 기여한다.

'주문을 틀리는 음식점'은 치매 환자가 일하며 자아를 실현할 수 있는 독특한 레스토랑이다. 이곳에서는 고객이 주문한 것과 다른 음식이 나올 수 있지만, 이러한 실수는 불만이 아닌 유머와 따뜻함으로 받아들여진다. 이 음식점은 치매 환자들이 실수를 두려워하지 않고 자신감을 키울 수 있도록 돕는다. 고객과 직원 간의 따뜻한 소통은 치매에 대한 인식을 변화시키며, 이해와 배려를 키우는 계기가 된다. 이는 치매 환자들도 사회의 중요한 구성원으로 활동할 수 있음을 보여주며, 사회가 포용적이고 따뜻한 방향으로 나아가도록 이끈다.

도시에서
존엄한 삶이 가능할까?

나이 들어도 괜찮은 도시

고령화가 가속화되면서 노년의 삶을 의미 있게 설계하기 위한 다양한 방법이 논의되고 있다. 그중 하나인 '에이징 인 커뮤니티Aging in Community'는 고령자가 자신이 속한 지역 사회와 끊임없이 연결된 채 자립적인 삶을 영위하도록 돕는 중요한 개념이다. 이는 고령자가 익숙한 주거지에 머무는 것을 넘어, 지역 사회 내에서 다른 사람들과 소통하고 사회적 활동에 참여하며 안정적이고 활기찬 노후를 보낼 수 있도록 지원하는 것을 목표로 한다.

'고령친화도시'는 이러한 개념을 바탕으로, 노인들이 안전하게 생활하며 사회적 관계를 유지하고 다양한 세대와 어울릴 수 있는 여건

나이 들어 어디서 살 것인가

을 마련한다. 이를 통해 노인이 자립적으로 생활하면서도 필요할 때 적절한 지원을 받을 수 있는 환경을 구축하고, 모든 세대가 함께 어울릴 수 있게 한다. 이를 실현하려면 우선 고령친화적인 도시 환경이 조성되어야 한다.

먼저, 고령자의 안전한 이동과 사고 예방을 위해 유니버설 디자인과 배리어 프리 환경을 갖추는 것이 필수적이다. 휠체어 접근이 가능한 경사로와 손잡이, 넓은 보행로는 고령자가 편리하게 이동할 수 있도록 하고, 넘어짐을 예방한다. 또한, 거리를 이동할 때 필요한 벤치 설치도 중요하다. 특히, 고원식 횡단보도(보행자의 안전을 위해 도로를 인도 높이로 올린 횡단보도)는 보행자가 안전하게 도로를 건널 수 있도록 할 뿐만 아니라, 과속 방지 효과를 통해 차량 안전도 강화할 수 있다.

교통이 편리해지면 이동성 또한 높아져 노인의 사회적 참여를 촉진하고 다양한 일상 서비스를 이용할 수 있도록 돕는다. 특히 교통체계가 부족한 지역에서는 노인을 위한 교통수단 마련이 필요하다. 시골 지역의 마을버스는 고령자들이 안부를 묻고 소통할 수 있는 소중한 장소로, 사회적 고립을 예방하는 역할도 한다. 일본 가나자와시는 좁은 골목과 상점가 활성화를 위해 저상버스를 도입해 노인들의 접근성을 높였다. 와지마시의 전동카트 '와모WA-MO'는 소형 저속 차로 병원, 상점, 관광지 등 주요 장소를 연결해 고령자의 편리한 이동을 돕는다.

노인의 활기찬 일상을 위해서는 사회적 교류와 여가 활동도 중요한 역할을 한다. 커뮤니티 센터와 평생교육 프로그램은 고령자가 새로운 기술을 배우고 세대 간 소통하며 사회적 가치를 발휘할 수 있도록 한다. 이 같은 프로그램은 노인의 사회적 고립을 방지하고, 지역 사회에 참여할 수 있는 다양한 기회를 만들어낸다.

사회적 존중과 통합을 위해 노인과 청년이 주거를 공유하거나 상점들이 고령자 친화적 서비스를 제공하는 것은 노인을 배려하는 도시 분위기를 조성하는 데 효과적이다. 지역 상점들이 노인을 위한 편의 시설을 갖추는 것은 고령층의 생활 편의를 높이고, 고령화 사회를 긍정적으로 체감하는 데 일조한다.

노인의 자아실현을 돕기 위해 일자리를 제공하고, 그들이 존중받으며 편안하게 일할 수 있는 환경을 조성하는 것 또한 중요하다. 이를 통해 노인은 경제적으로 자립할 수 있을 뿐만 아니라, 사회에 이바지하고 자아를 실현할 기회를 얻을 수 있다.

노인이 필요한 정보를 쉽게 얻을 수 있도록 전용 웹사이트를 운영하거나, 의사소통과 정보 제공 방안을 담은 가이드를 제공하는 것은 필수적이다. 정보 접근성은 노인이 다양한 서비스와 자원을 충분히 활용할 수 있도록 돕는 중요한 요소다.

마지막으로, 건강은 노인의 자립적 생활을 유지하는 데 가장 중요한 요소로, 지역 사회는 노인이 적절히 영양을 관리할 수 있도록 돕고 낙상 예방 교육, 병원 지원 같은 안전망을 구축해야 한다.

고령친화도시는 노인뿐만 아니라 모든 세대가 존중받고 소통할 수 있는 사회를 만들어나가는 데 중대한 의미를 지닌다. 이는 고령화 사회에서 노년층뿐만 아니라 젊은 세대에게도 중요한 목표로, 모든 시민이 안전하고 평등하게 살아가는 진정한 사회적 통합을 이루는 것을 지향한다.

일본 가나자와시는 좁은 골목과 상점가 활성화를 위해 저상버스인 '플랫버스'를 도입해 노인의 접근성을 개선했다. ⓒ가나자와시

고령자의 이동을 돕기 위해 벤치 설치는 필수적이다. 목포 근대역사문화공간의 벤치는 노인들의 쉼터로 활용되고 있다.

치매가 와도 두렵지 않도록

치매는 이제 개인의 문제가 아닌 사회적 과제로 떠오르고 있다. 치매 진단 후, 마치 제대로 된 인생이 끝난 것처럼 취급되어 사회와 단절되는 현실은 반드시 바뀌어야 한다. 이를 해결하는 열쇠는 바로 '치매친화도시'다. 치매를 앓는 사람도 사회에서 존중받는 일원으로 자립적인 생활을 이어갈 수 있는 환경이 필요하다.

치매친화도시는 치매 환자를 돌봄의 대상으로 보는 것이 아니라, 존엄을 지닌 사람으로 바라보는 철학을 바탕으로 한다. '질병이 아닌 사람을 보자'는 관점을 통해, 치매 환자도 지역 사회의 일원으로 살아가며 자유롭게 외출하고 다양한 사람들과 교류할 수 있는 환경을 조성하는 것을 목표로 한다. 모든 치매 환자가 시설에 의존할 필요는 없으며, 시설에 들어간다고 해서 존엄성을 잃거나 지역 사회와의 연결이 단절되어서는 안 된다. 치매 환자 역시 평범한 이웃으로서 지역 사회에 소속되어야 한다.

일본 오무타시는 "치매에 걸려도 안심하고 외출하며 살 수 있는 지역 만들기"라는 슬로건 아래 치매친화적인 도시 환경을 조성하고 있다. 이 도시는 치매 환자를 지역 사회의 존중받는 일원으로 대하며, 초등학교에서부터 치매 이해 교육을 통해 치매에 대한 긍정적인 인식을 심어준다.

또한, 주민들이 실종 모의훈련을 실시해 치매 환자의 안전한 외출을 돕고, 치매 카페를 운영하여 환자와 가족이 정보를 교환하며 지역 사회와 소통할 수 있는 중요한 공간을 마련하고 있다.

스코틀랜드 머더웰시는 세계 최초로 도심 전체를 치매친화지역으로 선언한 도시다. 머더웰은 '사람 중심주의'를 바탕으로 모든 시설을 치매 환자의 필요에 맞게 설계하였다. 화장실 변기를 색으로 구분해 쉽게 찾을 수 있도록 하고, 교통 신호등도 치매 환자가 이해하기 쉽도록 디자인하는 식이다. 상점과 기타 시설 또한 치매 환자들이 자신감 있게 방문할 수 있도록 환경을 조성하며, 주민들은 치매 이해 교육을 통해 치매 환자들을 적극적으로 지원하고 있다. 이러한 치매친화적 환경은 환자가 사회적 고립에서 벗어나 안전하고 자립적인 생활을 할 수 있도록 돕는다.

일본 후쿠오카시는 치매 환자가 계속해서 지역 사회에 기여할 수 있는 방법을 모색하며, 치매 환자를 소비자로 인식하는 '치매친화도시'를 지향하고 있다. 후쿠오카시는 치매 환자를 위해 실생활에서 편리하게 사용할 수 있는 다양한 도구와 프로그램을 개발했다. 예를 들어, 불꽃이 잘 보이는 큰 조리구와 선명한 색상으로 설계된 조작이 쉬운 음성 가이드 기능의 가스레인지, 물건 분실 방지를 위한 원예 가방, 끈 없이 간편하게 착용할 수 있는 앞치마 등이 있다. 또한, 치매 환자들이 쇼핑을 즐길 수 있도록 돕는 프로그램을 운영하여, 치매 환자들이 지역 경제와 사회에 기여할 수 있는 존재로 인정받고 있다.

치매친화도시는 치매 환자만을 위한 것이 아니다. 치매에 대한 인식과 인프라가 개선되면 그 사회는 모든 사람에게 더 살기 좋은 환경이 된다. 치매 환자가 편안하게 이용할 수 있는 시설과 서비스는 고령자분만 아니라 장애인, 어린이, 일반 시민 모두에게 유익하다. 치매가 있어도 존엄을 유지하며 자립적으로 살아갈 수 있는 환경을 조성하는 것은 복지 이상의 의미를 지니며, 인간 존엄을 지키는 사회적 노력이다. 이는 모두가 함께 살아가는 사회를 만드는 길이기도 하다.

나이 들어 어디서 살 것인가?

"나이 들어 어디서 살 것인가?" 고령화가 가속화되는 지금, 이 질문은 더 이상 막연한 고민이 아니다. 익숙한 공간에서 머무르는 에이징 인 플레이스를 넘어, 공동체와 함께 나이 들어가는 에이징 인 커뮤니티로 나아가야 한다. 에이징 인 플레이스와 에이징 인 커뮤니티는 이제 복지와 도시 개발의 핵심 기준이 되었으며, 이는 노인주택, 복지시설, 요양시설 등을 현재 거주하고 있는 지역 내에서 제공해야 함을 의미한다. 이를 실현하기 위해서는 기존 아파트 재건축과 신도시 개발 과정에서 다양한 세대가 어우러질 수 있는 노인복지시설을 필수로 도입해야 한다.

노후 주거지를 재건축하는 과정은 고령자 친화적인 주거시설과 복지시설을 도입할 좋은 기회. 일본의 '히바리가오카 파크힐즈ひばりが丘パークヒルズ'는 이러한 재건축의 대표 사례로, 기존 주거 단지를 고령자 맞춤형 주택과 복지시설로 탈바꿈했다.

이 단지의 주택은 엘리베이터, 경사로, 안전 손잡이 등을 설치해 고

에이징 인 커뮤니티를 실현하기 위해서는 재건축과 재개발 과정에서 고령자 복지시설의 도입이 필수적이다.
일본의 '히바리가오카 파크힐즈'의 특별요양홈

령자가 자립적으로 생활하면서도 안전하게 이동할 수 있도록 설계되었다. 휠체어 접근이 어려운 계단과 좁은 출입구를 개선함으로써 고령자가 쉽게 외출해 사회적으로 교류할 수 있는 환경을 마련했다.

또한, 히바리가오카 파크힐즈 내 '닛세이 케어빌리지日生ケアヴィレッジ'는 의료, 복지, 교류 서비스를 한 번에 제공하는 복합 서비스 거점으로, 고령자가 멀리 이동하지 않고도 자신이 살던 지역에서 필요한 의료와 돌봄 서비스를 받을 수 있도록 했다. 어린이집과 커뮤니티 센터를 함께 배치하여 젊은 세대와 고령자가 자연스럽게 교류할 수 있는 공간도 제공하고 있다.

초기 신도시에는 주로 젊은 인구가 유입되지만, 시간이 지나면 자연스럽게 고령화가 진행된다. 따라서 신도시 개발 단계에서부터 고령자 복지시설을 통합 설계하는 것이 필수적이다. 새로 개발되는 신도시에는 고령자가 쉽게 접근할 수 있는 병원, 복지관, 커뮤니티 센터가 통합적으로 갖춰져야 하며, 이를 통해 고령자가 필요한 돌봄과 사회적 교류 기회를 쉽게 누릴 수 있도록 해야 한다.

일본 도쿄 올림픽 선수촌이었던 하루미 단지는 고령자가 요양시설과 복지 서비스를 편리하게 이용할 수 있도록 설계되어, 자립적으로 생활하면서도 필요할 때 즉각적인 지원을 받을 수 있는 환경을 제공하고 있다. 요양시설 주변에 어린이집과 공원을 함께 배치해 세대 간 자연스러운 교류를 촉진하고, 고령자의 사회적 고립을 방지하며 활기찬 생활을 이어갈 수 있는 환경을 조성하고 있다.

신도시 개발 과정에서는 세대 간 순환이 가능한 구조를 만들기 위해 다양한 주거 옵션을 제공해야 한다. 분양 아파트, 임내 아파트, 서비스지원형 고령자 주택 등 여러 선택지를 마련하고, 학생, 젊은 부부, 고령자 등 주민들이 생애 주기에 따라 한 지역 내에서 이사하며 생활할 수 있도록 지원하는 것이 중요하다.

에이징 인 커뮤니티를 실현하기 위해서는 기존 도시의 재건축과 신도시 개발 과정에서 고령자 복지시설의 도입과 통합이 필수적이다. 고령자의 자립적 생활도 지원하면서 필요 시 도움을 받을 수 있는 안전망을 구축하는 것이 지속 가능한 도시 개발의 핵심이 된다.

앞으로의 도시는 모든 세대가 서로 연결되고 소통하는 공간이 되어야 한다. 공동체가 함께 나이 들어가는 도시는 결국 누구나 평생 머물고 싶어 하는 이상적인 도시로 자리 잡게 될 것이다.

나이 들어 어디서 살 것인가

초판 인쇄 2024년 12월 27일
초판 발행 2025년 01월 03일

지은이   김경인
펴낸이   이소영
본문 디자인 이은영
표지 디자인 디스커버
마케팅   신나래
교정·교열   천희원

펴낸곳   투래빗
주소   서울시 도봉구 방학로 3길 13, 3층
전화   070-4506-4534
팩스   050-4360-6780
이메일   2rbbook@gmail.com